江苏省昆山市第一中学“科学史课程基地”系列教材

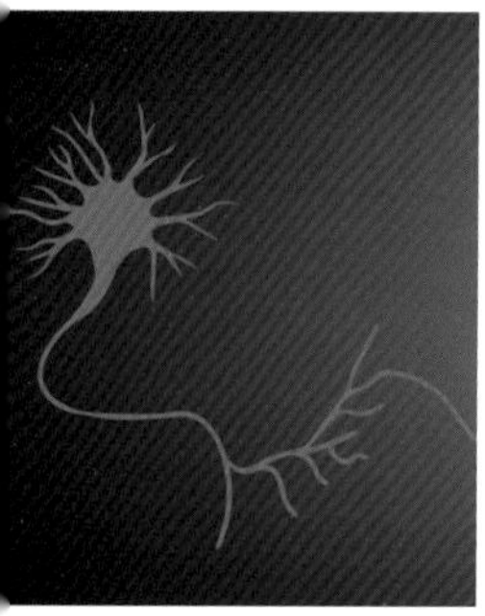

中学生应该知道的
生物学史

The History of Biology

That Middle School Students Should Know

刘　锐　著

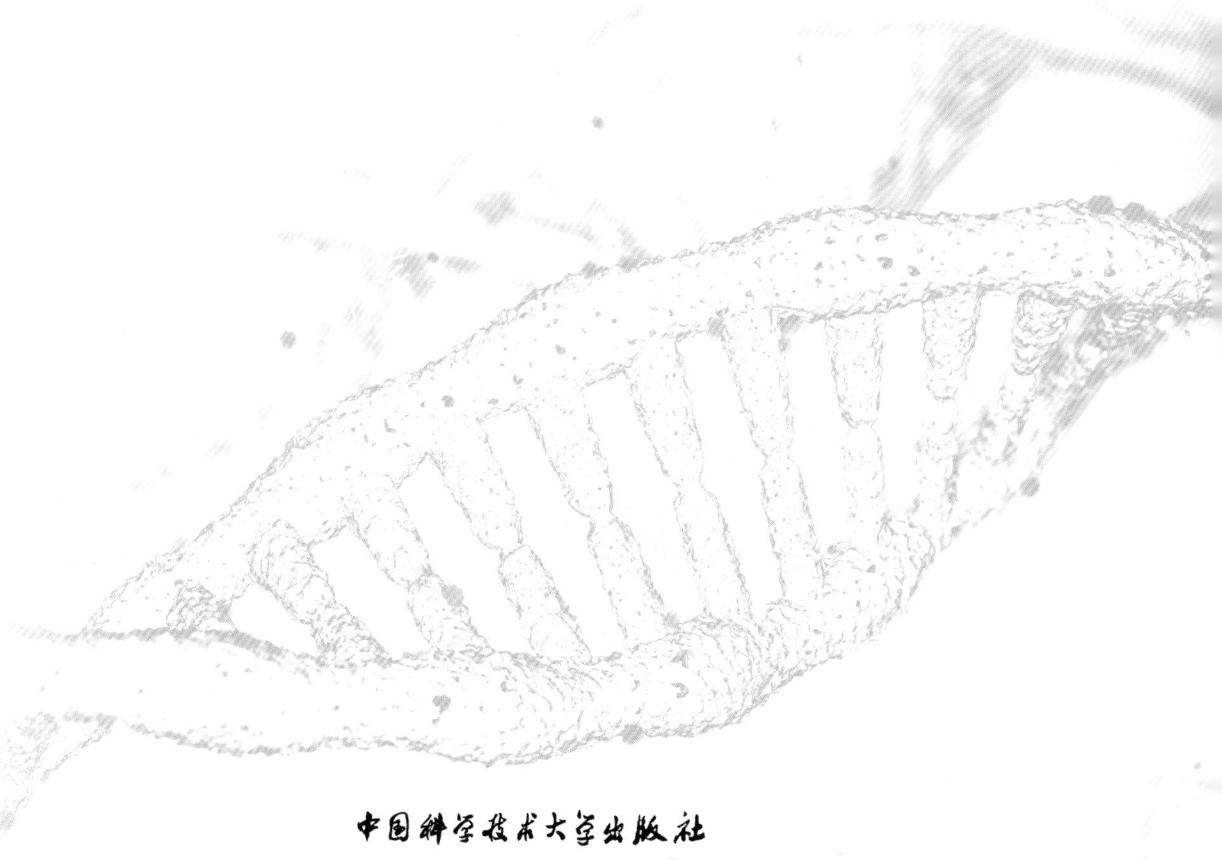

中国科学技术大学出版社

内 容 简 介

本书介绍了中学生物课本知识背后的科学史故事，包括细胞的发现、细胞学说的提出、遗传定律的构建、糖类和核酸结构的确定等，对生物学史中诸多假说的提出过程进行了详细的剖析，对那些对生物学发展产生过重要影响的生物技术的发明过程进行了仔细的梳理，希望能勾勒出清晰的科学研究脉络，将最直观的科学研究过程展示给中学生。

本书可供广大中学生阅读、参考。

图书在版编目(CIP)数据

中学生应该知道的生物学史/刘锐著. —合肥:中国科学技术大学出版社，2018.12（2024.1 重印）

ISBN 978-7-312-03185-4

Ⅰ.中… Ⅱ.刘… Ⅲ.生物学史—青少年读物 Ⅳ.Q-49

中国版本图书馆 CIP 数据核字(2018)第 282469 号

出版 中国科学技术大学出版社
安徽省合肥市金寨路 96 号，230026
http://www.press.ustc.edu.cn
https://zgkxjsdxcbs.tmall.com

印刷 安徽国文彩印有限公司

发行 中国科学技术大学出版社

经销 全国新华书店

开本 787 mm×1092 mm 1/16

印张 12.25

字数 160 千

版次 2018 年 12 月第 1 版

印次 2024 年 1 月第 5 次印刷

定价 45.00 元

前　言

什么是科学？什么是科学精神？这些问题在我们耳边时常被提起。在高中的生物教材中有诸多关于科学实验成功的案例，正是这些成功的案例逐步勾勒出了清晰的科学研究脉络，但是我们仍想知道这些科学事件背后的科学史故事。

这些成功的案例背后究竟隐藏着哪些故事呢？从中我们能否找到我们最为崇尚的科学精神呢？我们希望从这些并不为人所熟知的科学史案例中找寻到答案！

“一千个人眼中有一千个哈姆雷特”，我们也希望每一位中学生都能从科学史案例的学习过程中形成自己的最朴素的科学史观，让科学素养深植于自己的思想中。

目　录

第1章 五位巨匠与他们的透镜
——显微镜的发明与细胞的发现

“工欲善其事，必先利其器。”在进行科学研究的时候，我们使用什么样的研究工具，可能就决定了我们所能达到的研究水平。那么在显微镜被发明之前，人们是使用什么样的手段来进行观测的呢？显微镜是怎样被发明的呢？在其背后又有着什么样的故事呢？

1.1 显微镜下的跳蚤

人眼可以分辨相距 0.1 毫米的两条线。也就是说，如果两条平行线之间的距离小于 0.1 毫米的话，这两条线在人眼中就变成了一条线。所以在发明显微镜之前，我们只能看到动物和植物表面的性状，想要深入地了解究竟是什么东西构成了大自然中各种千奇百怪的生物是无法实现的。

大自然是极其神奇的，以细胞为例，不同细胞的体积差别高达百万倍。最小的细胞是支原体，它的直径仅有 100 纳米，相当于头发丝直径的千分之一。最大的细胞是鸵鸟的卵细胞，我们经常吃的鸡蛋的蛋黄实际上就是一个卵细胞。

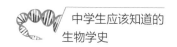

因此，不同细胞个体的差别是极大的。其中，绝大多数的细胞，无论是动物细胞还是植物细胞，都无法直接用肉眼进行观察，所以在相当长的一段时间内，人类对于细胞的研究一直踏步不前。

关于细胞的体积大小有很多的猜想：鲸鱼的细胞是不是要比蚂蚁的细胞大很多呢？参天大树的细胞是不是也要远远大于小草的细胞呢？生物个体体积的差异究竟是组成细胞的大小不同还是组成细胞的数量不同导致的呢？换句话说，鲸鱼比蚂蚁大是因为鲸鱼的细胞比蚂蚁的大，还是两者细胞大小相似，只是鲸鱼的细胞数量要远远多于蚂蚁的呢？这些问题深深地困扰着人们。

如果没有仪器的协助，这些问题就无法得到最直观的解答。于是各种透镜应运而生！

古埃及的工匠曾把石头和水晶的表面磨制成凸面或者凹面。在古罗马时期，尼禄皇帝曾经在竞技场上通过一块具有弯曲刻面的宝石来观看表演。

我们现在可以大胆地猜测，这位位高权重的尼禄皇帝应该是一位近视患者，他通过这种曲面的透镜来矫正视力，以便让自己可以在竞技场上更加清晰地观看表演。这也许是最早的使用透镜的记载了。直到 1589 年，一位名叫波塔的博物学家出版了一套百科全书式的著作，他在其中的《论奇妙的玻璃》一书中提出了可以使用凹透镜来矫正视力的观点。这种简单的透镜只能纠偏，并不能将细微的物体放大，但是波塔能够提出用凹透镜来矫正视力，绝对是那个时代伟大的发现之一。

在使用单个镜片进行观测的时候，无论凸透镜的体积有多大，由于受到工艺和实际尺寸的限制，放大的倍数实际上仍然是很有限的。

但是,如果将不同的透镜搭配在一起,形成透镜组合,那么会发生什么样的变化呢?

古罗马竞技场

这里我们不得不介绍两位著名的人物。在当时,他们像现在的普通的私企老板一样,既没有上市公司 CEO 的影响力,也没有显赫的背景,但是他们的工作却让后人记住了他们的名字——H. 詹森和 Z. 詹森,他们是荷兰的眼镜制造商。在不断打磨镜片的过程中,一个偶然的机会,他们在一根长一英尺半(1 英尺=12 英寸=304.8 毫米)、直径一英寸半的管子两端分别装上了一块凸透镜和一块凹透镜。奇妙的事情发生了,他们突然发现这一装置可以把很细小的东西放大到先前无法企及的倍数,他俩欣喜若狂,因为这一发现说明他们终于找到了突破单个透镜放大倍数瓶颈的方法!这可以称得上是人类历史上第一台原始的复式显微镜，它通过镜片的复合，使得观察倍数得到大幅度的提升。

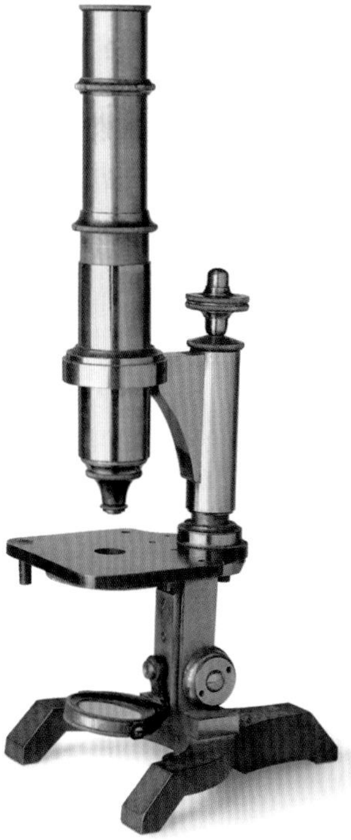

复古的黄铜显微镜

第一批复合透镜的放大倍数只有十几倍，但是已能够将一些本来肉眼看不清楚的小物体看得很清楚。大家试想一下，一般的小物体倘若能够放大十几倍，就足以让我们观察清楚它的表面构造了。伽利略利用这种复合透镜对相关实验对象进行了仔细的观察，他甚至对外宣称，在他的透镜组下，苍蝇竟然有羔羊般大小。这一说法虽然有夸张的成分，但是却充分表现出在发明透镜组之后人们难以抑制的喜悦心情。

当时，人们都喜欢用透镜组来观察跳蚤，所以这种透镜组又被亲切地称为“跳蚤镜”。这一名称虽然难登大雅之堂，却表现出人们对新鲜事物的好奇和热情。但是，要将这种新鲜的科学事物传播给普通民众，并非是一件容易的事情。在当时，宗教和巫术盛行，教会思想禁锢之下的普通民众很难接受透镜这种新兴的科学事物，一切可能给宗教统治带来威胁的事物都被看成是“大逆不道”的。

当时，著名的诗人施田海姆曾说服一位教会的牧师，让他通过透镜组来观察跳蚤的外形。在显微镜下，原先被“掩盖”的细节会显得相对清晰，对人的视觉产生极大冲击。这种感觉我们其实也深有体会。在生活中，我们可以很坦然地和蚊子、苍蝇同处一室，并不觉得有什么可怕之处，但是如果苍蝇和蚊子变大若干倍，像老鼠或者鸟类一样大小的话，那么就会让人感觉到相当恐怖。由于平时的认知习惯，物体突然间的放大会对我们的心理产生巨大的冲击，这就是放大的效果。

这位牧师被显微镜下的跳蚤外观彻底惊吓住了，感到非常惶恐。受到惊吓的牧师立刻宣布施田海姆是一名男巫，并且还是一名无神论

跳蚤

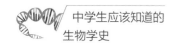

者。在当时宗教统治的环境下，这一指控无疑是致命的，教会立刻逮捕了施田海姆，并且判处他火刑。幸运的是，施田海姆是一位有名望的人，他被教会逮捕并判刑一事被克里斯蒂娜女皇得知，在女皇的干预下，他才幸运地捡回了一条命。由此可见，在中世纪，为了让一项新技术为世人所接受，要付出比当今社会更多的努力，甚至要冒着生命危险。

1.2 五位巨匠

在最简单的复合透镜组(显微镜)被发明之后，显微镜发展史上极为杰出的五位人物出现了，他们分别独立地把显微镜性能提升到了新的高度。他们的工作是其他人难以望其项背的，让后人折服于他们的奇思妙想和极致的工匠精神，让我们深深地体会到什么叫作“术业有专攻”！这五位巨匠分别是列文虎克、胡克、施旺麦丹、马尔比基和格鲁。

前两位巨匠——列文虎克和胡克相信大家都不陌生。只要提到显微镜的发明或者细胞的发现，都会提到他俩。

如果我们阅读列文虎克的传记，就可以获得这样一幅画面：一位在那个人均寿命极低的年代却活到 90 多岁的长者，家境优越，父亲是篮子制造商，母亲出生于酿酒世家。他在经营自己店铺的同时还承担了多项工作，与此同时，他还有着异乎常人的爱好——吹玻璃、磨透镜、精制金属制品等。在现实生活中，一个行业中最顶尖的从业者也许并不是这方面科班出身的人员，反而是对这项工作有着极高兴趣的人。

列文虎克

列文虎克对透镜的爱好持续了一生,他甚至在科学工作中失去了最宝贵的家庭生活乐趣,可以说列文虎克是个好的科研工作者,但是绝对不是一个好丈夫、好父亲、好儿子。他耗费毕生心血制作了 400 多台显微镜和放大镜,其放大倍数从 50 倍到 200 倍不等。这对于现在的我们来说并不稀奇,但是和当时常用的放大倍数仅有十几倍的显微镜进行对比,就能体现出它的巨大价值,可见列文虎克磨制镜片的技艺有多么高超。

列文虎克是一位伟大的工匠,他能制作出短焦距的双凸透镜。这一技术在当时是难以想象的,需要极为精细的打磨技艺,但是列文虎克竟然做到了。我们在向他致敬的同时需要更加冷静地思考,他以艰辛的付出换来了人类科技的进步,这种工匠精神正是我们现在应该大力提倡的。用毕生的精力做好一件事情,用严谨的态度对待每一件作品,这就是列文虎克留给我们最重要的启示。

令人遗憾的是,列文虎克巧夺天工的技艺在他去世后的 100 年间遗失殆尽,这不得不说是全人类的损失。

列文虎克衣食无忧,可以将所有的精力投入到科研中,他无须为生计发愁，他从事科学研究活动完全是出于自身的兴趣爱好，真正达到了对科学研究如痴如醉的状态。与列文虎克一样，英国皇家学会会长牛顿爵士的情况也如出一辙。当时的很多科学成果主要是由上流社会人士完成的，他们有着足够的时间、足够的金钱去支持他们从事自己喜欢的事业，无须为温饱担忧。科学研究本来就是一项“奢侈”的活动，而不应该成为谋生的工具，这一点值得当下社会中所有的人深入地思考。

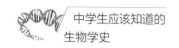

当有人问列文虎克为何不将自己的技艺传授给年轻人时，他回答说：“训练年轻人来磨透镜，或者是为了这个目的去创立学校，我可看不出来这有什么作用，因为很多学生去那里是为了从科学中赚钱，或者是想在学术界获得名声。更主要的是，大多数人并非都有求知欲望……”

列文虎克利用自己制作的研究利器——放大倍数达到 200 倍的显微镜，观测到了很多其他人无法看到的微观现象。他观察了大量的昆虫——跳蚤、蚜虫、蚂蟥等，也观察了鱼、青蛙、鸟的红细胞。他提出了一个在现在看来也算正确的观点——血管中的血液循环依赖于心脏的搏动。

列文虎克还在狗、兔子和人的精液中观察到了精子的存在。在列文虎克之前，由于受到观察手段的限制，大家在精液中都没有观察到精子的存在，对于精子的认识普遍都不准确。另一位巨匠哈姆通过自制的显微镜在淋病患者的精液中发现了精子的存在，所以他提出精子是导致疾病产生的罪魁祸首。这一观点，在微观世界未被人类触及的当时，有着很广阔的市场。

但是列文虎克对这一观点抱有深深的疑虑。“工欲善其事，必先利其器。”因为他的透镜放大倍数较高，所以列文虎克有着别人不具备的研究优势。他在很多动物，包括人类的精液中都观察到了精子的游动，因此他推断这些精子并不是疾病的诱因，而应该是一种普遍存在的现象，因为有精子，才会出现精卵结合的正常生理现象。

列文虎克是一位特立独行的卓越科学家和天才匠人。限于当时的科技水平，他在自己的学术生涯中也提出过很多不正确的观点，这在后文中我们会提及，但是这丝毫不妨碍他成为五位巨匠中的王者！

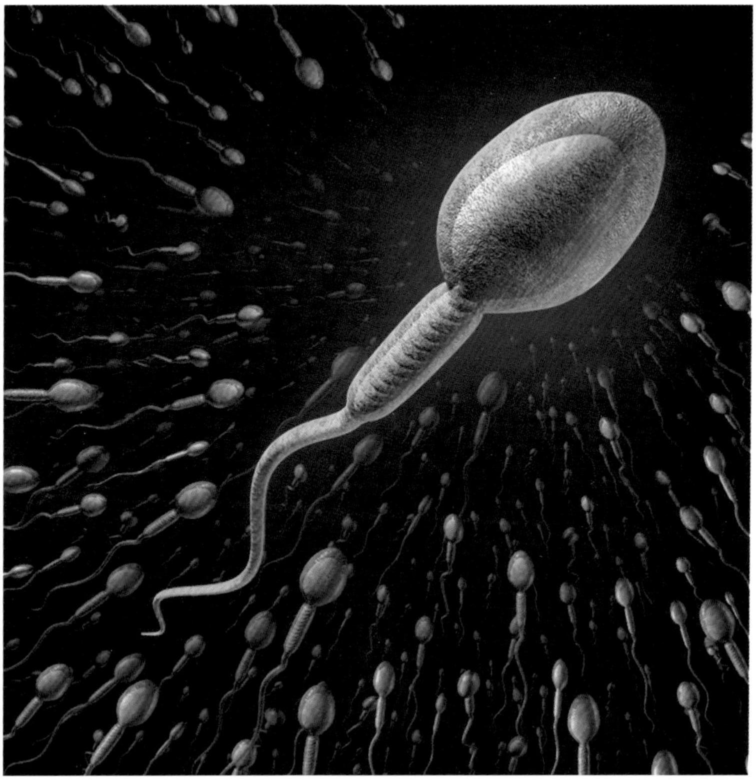

精子

我们要介绍的第二位科学家是胡克，他比列文虎克小三岁。他主要有两项贡献：第一，他提高了显微镜的显微效率；第二，他发现并提出了“细胞”的概念，这也是他名垂史册的主要原因。下一节中我们会详细地加以介绍。

胡克

另外的三位巨匠也许不为我们所熟知，但是他们的工作依旧伟大。也许他们没有像列文虎克和胡克一样有特别值得铭记的突出贡献，但是他们的工作加速了显微镜技术的完善。

其中一位人物是科学家施旺麦丹。如果不是英年早逝(仅仅活到43岁)，那么他一定能取得更大的科研成就。他与列文虎克都可以被称为显微镜发展史上的天才，都具有极高的仪器制造水平。他设计了人类历史上的第一台解剖镜，并创造性地制造了两个臂，一个用于固定被研究的物体，另一个用于固定透镜，并且两个臂都有粗调和微调功能，通过粗调能更快地到达合适的位置，再通过微调能更清晰地观察到物体的微观结构。施旺麦丹通过自己制造的不同放大倍数的显微镜来观察各种物体。为了更好地观察虱子的口器，他甚至让虱子咬自己的手。

与列文虎克不同的是，施旺麦丹的生活相当清苦，连基本的生活都难以保障，在后期饱受病魔折磨的时候，他也无钱医治，后来依靠皇家图书馆的朋友南特的资助才勉强多撑了几年。

第四位是马尔比基。马尔比基是动植物显微材料制作的创始人,虽然他对显微镜的改进没有太大的贡献,但是他在显微材料的制作方面却显示出了过人的天赋。被观测材料的切片制作水平会对观察效果产生很大的影响,因为很多被观测的物体都是不透明的,如何通过合适的方法将它们制作成既不改变物体内部结构又方便观测的切片是一个大问题。马尔比基最先使用染色剂固定待观测的材料,后来发展为使用水银和蜡注射固定,显著地提升了观察的效果。

第五位是格鲁。格鲁是著名的动植物解剖学家,他成功地解剖了 40 多种动物的肠胃并进行了对比。他在刚杀死的动物体内看到了肠胃的蠕动过程,这种现象在当时是难以解释的,因为动物已经死了,它们的生命都已经不复存在了,为什么身体里的器官还会蠕动呢?这种现象在日常生活中会经常出现,比如我们把鱼的头部切除了,但是它的身体有时候还会蠕动,青蛙在被去除脑干后仍可发生膝跳反应。实际上,这些都是同一个原理,即它们的反射弧还继续存在于体内。格鲁把显微镜引入了解剖学领域,他发现了很多在动物身上特有的现象,并且扩大了显微镜的应用范围。自他之后,显微镜成为了解剖学研究中必不可少的利器。

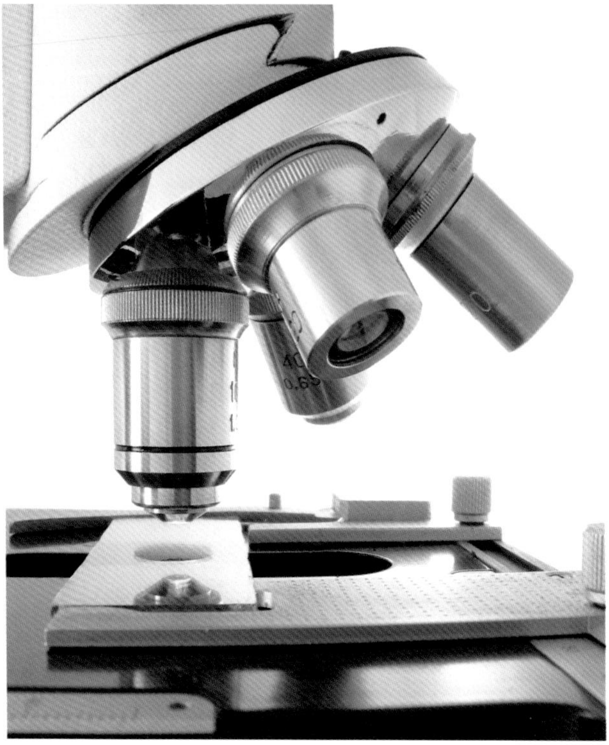

显微镜镜头

1.3 细胞的发现

胡克(1635—1703)出生于英国的怀特岛,和牛顿(1643—1727)是同时代的科学家,但是他们在学术观点上有不少冲突。由于牛顿当时拥有“神一般存在”的科学地位,胡克的名声受到了一定程度的影响。但是胡克无论是在物理学上还是在生物学上的贡献都得到了后人的肯定。

1648年,由于父亲去世,年仅13岁的胡克离开家乡去伦敦当了一名学徒。胡克并不喜欢父亲给自己规划好的职业,他的兴趣完全不在于此，而是机械设计和制造。1653年，胡克移居牛津，并且依靠自学掌握了大量的科学知识。他的才华让他获得了大量的机会，他既当过著名化学家玻意耳的助手，也当过解剖学家威利斯的助手，这些跟随著名科学家进行学习的经历让胡克更快地掌握了科学研究的方法，并让他对科研产生了浓厚的兴趣。

1665年，胡克的著作《显微图像》正式出版。我们可以把这本书看作胡克的职务作品。因为在出版这本书的前两年，胡克便担任了英国皇家学会的干事长，开始承担演示显微镜研究成果的工作，相当于现今发布会上的实验演示员。他需要向上流社会人士展示显微观察的成果，包括观察跳蚤、头发、真菌、针尖、地衣、云母薄片、软木、化石等。每周一次的演示工作，让胡克观察了大量的物品。

软木塞

经过两年多的工作积累，胡克在显微镜下观察到了大量的微观图像。他对这些现象进行归纳和总结，形成了很多独特的、在他人看来匪夷所思的观点，这些观点在科学知识并不普及的当时，是很难被同时代的人所接受的。

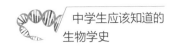

在研究软木显微结构时，胡克对软木的特性产生了浓厚的兴趣，这么大块的软木，为什么质量这么轻？为什么可以不沾水？软木的结构究竟是什么样的？胡克决定在皇家学会上做一次展示。他用锋利的小刀从软木上削下来薄薄的一层切片，并将其放在显微镜下观察，因为这片非常薄的软木是白色的，所以需要将它放在黑色的底盘上进行观察，这样就能够看到软木表面有大量中空的小室，好像马蜂窝一样。

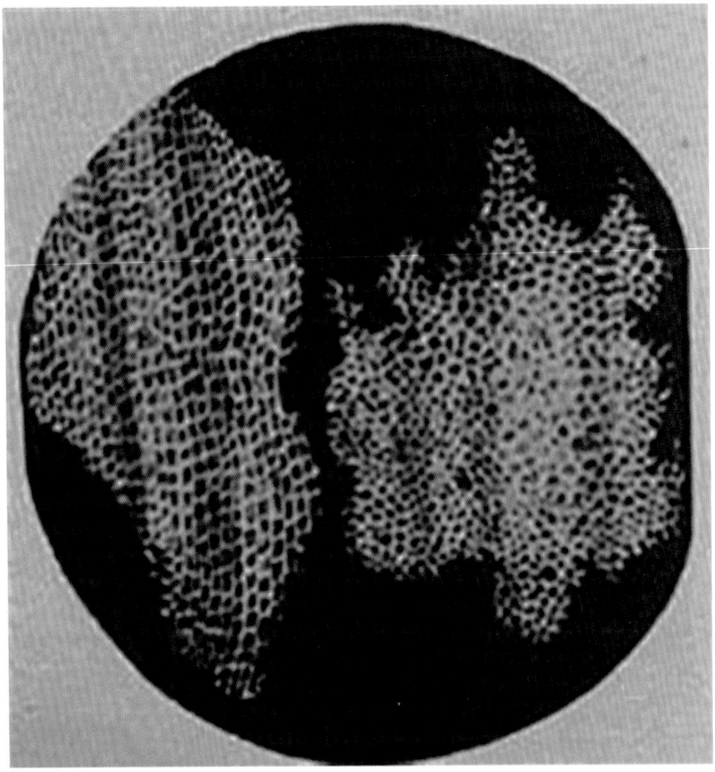

显微镜下软木的细胞

这些密密麻麻的小室，具体的作用是什么？结构是什么？胡克并不清楚，他只能通过观测忠实地表述这种显微结构，为了和其他的观测物相区别，胡克将它们命名为“Cell”，即我们所说的细胞。这是人类第一次命名这种神奇的组织单位。让胡克更为惊奇的是，他通过计算发现，在每立方厘米的软木薄片上竟然有多达7000万个细胞存在。这个简单的结构和简单的命名，既奠定了胡克在细胞生物学史上的地位，也开创了生物学中一门重要的独立的分支学科。

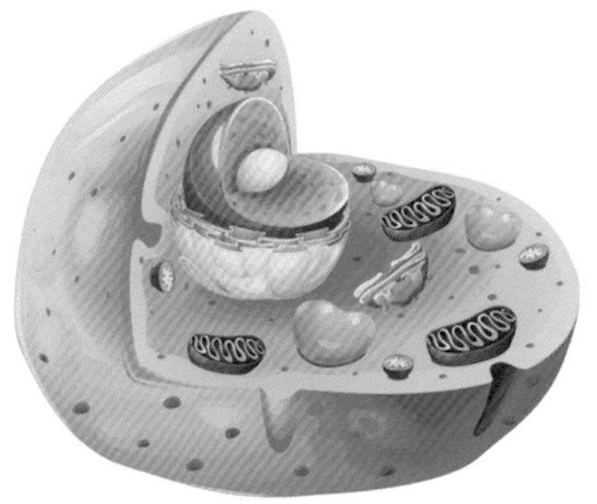
动物细胞

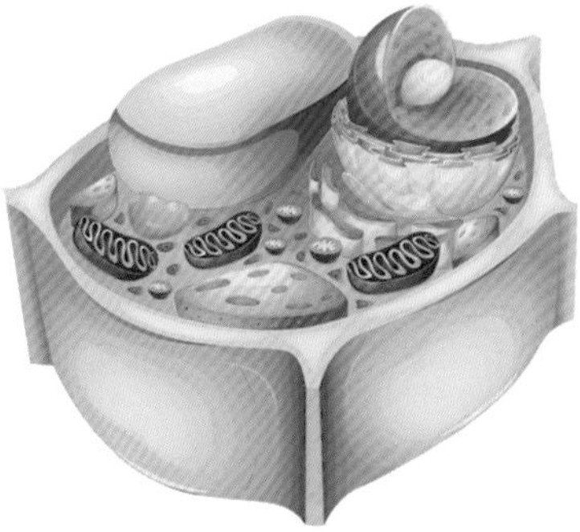
植物细胞

细胞结构

除了提出“细胞”这一概念外，胡克还发现了光随云母薄片的厚度变化而变化，并对化石的产生提出了自己的观点，这些都是利用显微设备观测得来的。

一系列的研究让胡克在科学史上留下了浓墨重彩的一笔，虽然在同时代著名科学家牛顿的光环掩盖之下，胡克表现得并不是那么耀眼，但是他所取得的成就足以让我们对他刮目相看！

第2章 偏激的施莱登和内向的施旺
——细胞学说的提出

自 1665 年胡克发现细胞开始，到 1839 年“细胞学说”建立，一共经历了 170 余年。在打开微观研究的大门之后，为什么在这么长的时间里，有关细胞的研究一直未能取得任何重大的突破呢？这是一个值得关注的问题。

2.1 施莱登与施旺

在艺术领域，精神不太正常的艺术家大有人在，在科学发展的历史上，杰出的科学家中也有一些精神并不完全正常的人。也许是陷于不能被世俗接受的苦恼中，抑或是学术上的偏激、心中的固有偏见等因素，使得一些科学家走上了极端的道路。但是，一旦他们及时地回到科学研究的正常轨道上，往往就能够取得举世瞩目的成果，或者提出惊世骇俗的理论。

提出细胞学说的施莱登就是这样一个学术上的狂热分子。他脾气暴躁、傲慢、偏激。他早年在海德堡攻读法律，之后在汉堡从事律师工作。可能是因为在工作上遇到了不顺心的事情，或者是因为他并不喜欢自己所从事的工作，施莱登的忍耐达到了极限，他选择了自杀。他用枪口对准自己的前额并且扣动了扳机，但幸运的是，子弹并没有击中这一要害。

“大难不死，必有后福。”养好伤后，施莱登彻底放弃了法律专业，转而从事生物学和医学的研究。在他 27 岁那年，他拿到了医学和哲学的博士学位，并且开始在耶拿大学执教。从开始跨专业学习到拿到博士学位，施莱登只用了几年的时间，这让我们不得不折服于他的学习能力！

施莱登固执地坚持着自己的学术观点，他认为只有植物学和植物生理学才是世界上最基本的原理和概念。他猛烈地抨击林奈制定的植物学分类法，他认为植物学是一门综合性的科学，不能通过人为的分类将它分裂开来。

在柏林工作期间，施莱登遇到了动物学家施旺。施旺与施莱登相比，则显得特别的内向和腼腆。施旺主要的研究领域集中在动物方面，他师从著名科学家弥勒。在研究过程中他发现了神经纤维的鞘、胃蛋白酶等。施旺的研究使他逐步意识到活力学说的局限性和错误性。施莱登和施旺的会面可以与一百年之后沃森和克里克的会面比肩，前者在一起商讨细胞学说的雏形，后者则一起叩开了分子生物学的研究之门。

施莱登和施旺的合作一直进行得非常和谐和顺利，不受繁文缛节的牵绊，他们经常在一起用餐的同时进行学术上的交流和沟通。在一次用餐时，施莱登提出细胞核在植物细胞的生命活动中起着非常重要的作用，施旺立刻联想到在动物的脊索细胞中也有同样的细胞核结构，如果能够证明细胞核确实在动植物细胞的活动中起着相同的作

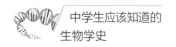

用,这将是一个极其重大的发现。

施莱登(左)与施旺(右)

2.2 细胞学说的建立

至19世纪初,历经一百多年的不断研究,人们已经重新认识到细胞以及原生质的重要性,并且对于有机界具有统一性的观点达成了一致。大家普遍认为,无论是植物还是动物,都有着某种共性,都是由细胞构成的。

19世纪30年代末,在生物细胞的研究过程中,仍有两个主要问题未得到彻底解决:一个是“细胞在生物中的功能是什么”,另一个是“新细胞是怎样产生的”。这两个问题在德国动物学家施旺和植物学家施莱登的细胞学说中得到了初步解答。施莱登是当时最有影响力的细胞学家。他不仅以极大的热情说服了施旺参加细胞学研究,还培养了一些优秀的年轻植物学家,如霍尔夫美斯特、耐格里。他还劝说年轻的卡尔瑞斯创建光学仪器公司,并向他提出中肯的意见以令其顺利发展。施莱登将后生论、渐成论原则应用于细胞形成过程的研究,并于1838年提出“自由细胞形成”学说。

1838年,施莱登发表了《植物发生论》,他在文中提出,无论是多么复杂的植物体,都是由细胞组成的,细胞不仅是一种独立的生命,还维持着整个植物体的生命。1839年,施旺发表了《动植物结构和生长的相似性的显微研究》,他认为所有的细胞,无论是动物细胞还是植物细胞,均是由细胞膜、细胞质、细胞核组成的。至此,综合两人的研究成果,最原始的细胞学说就这样建立了起来。

其实,施莱登和施旺两人对于细胞学说建立的贡献是不相同的。施莱登的论文主要对植物细胞的形态学等方面进行了描述,同时提出了细胞发生的假说。他的论文对细胞学说的正式提出起到了促进作用,但是真正提出细胞学说的还是施旺。施旺在自己的专著中对动物细胞的相关研究情况进行了总结,并且和施莱登的植物细胞研究结果做了比较,从中概括出一致性的结论,将细胞学说上升为一种科学理论。

因为施莱登和施旺几乎同时发表了有关植物细胞和动物细胞的论文和专著,所以我们现在还是沿袭之前的说法,认为是施莱登和施旺共同提出了细胞学说。

经过长时间的发展和完善,现在的细胞学说包括三个方面的内容,其基本的框架还是源自施莱登和施旺的共同总结与摸索:细胞是

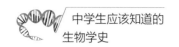

有机体，一切动植物都是由细胞发育而来的，即生物由细胞和细胞的产物构成。所有细胞在结构和组成上基本相似，均由细胞膜、细胞质、细胞核组成。生物体通过细胞的活动反映其功能。新细胞是由已存在的细胞分裂而来的。生物的疾病是因为其细胞机能失常所致。

施莱登和施旺这两位性格迥异的生物学家在交流中擦碰出的学术火花——细胞学说，对细胞学的发展有着划时代的重大意义。

2.3 细胞学说的发展与细胞器的发现

细胞学说提出来之后，关于细胞的研究逐步进入正轨，人们对于原生质的认识进一步加深，德国生物学家、博物学家海克尔对这一理论又进行了进一步的阐述。海克尔是一位传奇人物，在达尔文进化论的顺利传播过程中，他起到了关键作用。我们会在后续内容中做详细的介绍。

海克尔提出，动物界应该分成原生动物和后生动物两大类，单细胞的原生动物具有与高等生物类似的生命活动机能。这可以看成对细胞学说强有力的补充。

除此之外，各种细胞器也成为研究热点。我们以线粒体的发现过程为例，详细介绍一下细胞器的发现过程。

线粒体是一种椭圆形的细胞器，但是由于细胞的形态不同，线粒体的形态容易发生多种变化，包括短棒状、圆球状、线状、分叉状、扁盘状等。短棒状的线粒体长约 2 微米，直径约 0.5 微米，在它“层峦叠嶂”的内膜上分布着大量的与氧化呼吸相关的酶，这些酶与电子呼吸链有着密切的联系。因为线粒体的主要功能是为细胞提供能量，因此它又被称为“细胞的动力工厂”。

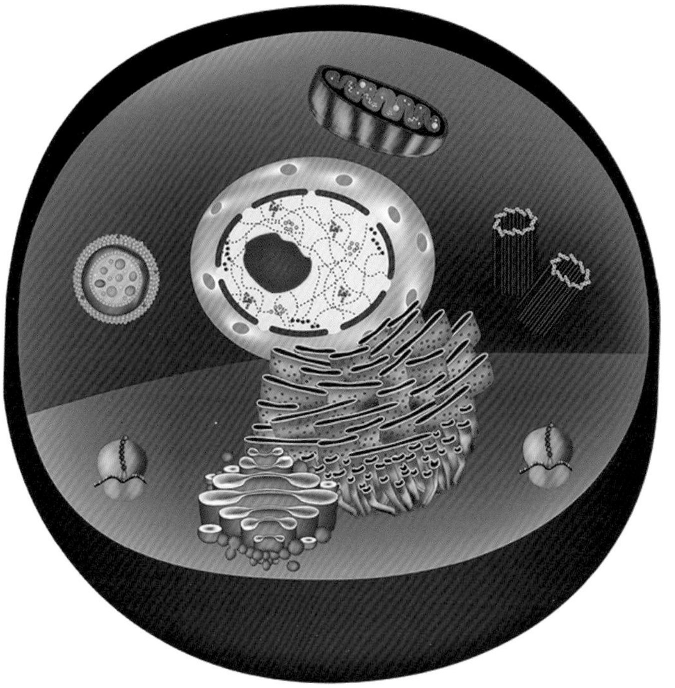

细胞中的各种细胞器

线粒体是生物细胞中普遍存在的一种重要的细胞器，从 1850 年对它进行形态描述开始，对它的研究已经有近 170 年的历史，但至今依旧存在着诸多未解之谜。

线粒体之所以会成为研究热点，原因是多方面的。一方面，它是“细胞的动力工厂”，没有它的供能，整个生物体将陷入瘫痪，同时它也是糖类能量代谢的发生场所；另一方面，线粒体的基因组比较保守，这对于研究物种的进化与相互间的亲缘关系有着重要的鉴别作用。线粒体在长期的进化过程中形成了一套相对独立的遗传方式：它既受细胞核内的遗传物质的控制，同时又受自身遗传物质的支配。这种遗传方式的出现，在生物的进化中占据着重要的一席之地。因此线粒体无论对于动物细胞还是对于植物细胞，甚至对于很多微生物来说都是至关重要的。如果缺失了线粒体，生物体就无法存活下去。

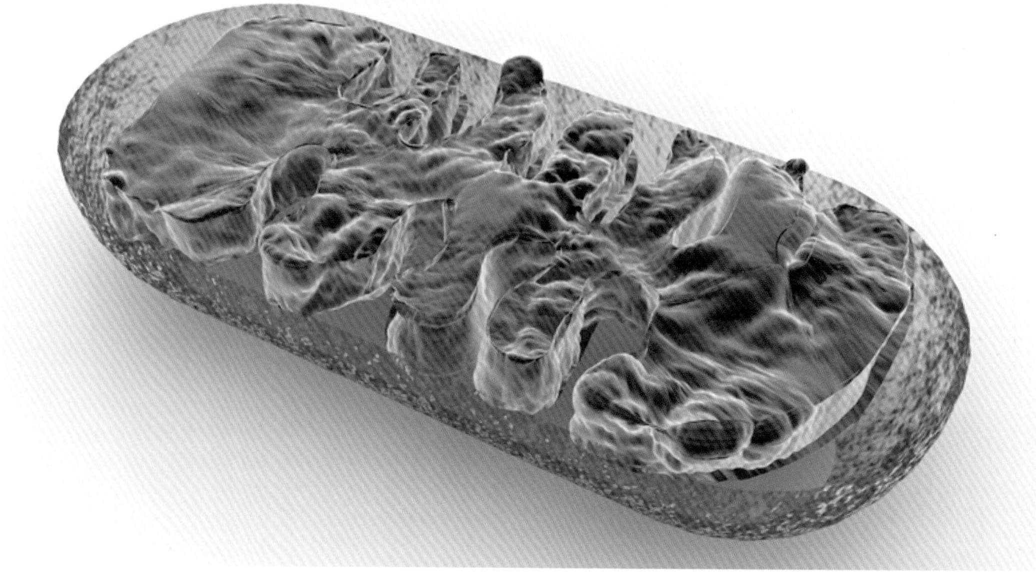

线粒体

显微技术的广泛普及，使得研究细胞的亚显微结构——细胞器成为可能，细胞的微观结构逐步被揭秘。细胞学说的创立，为研究细胞内部微小的细胞器提供了契机，这一学说建立之后，对于各种细胞器的研究也逐步展开。

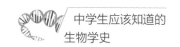

线粒体的重要性是毋庸置疑的，由于研究条件的限制和自身体积的微小，在研究初期它并没能被科研工作者发现。鉴于线粒体在能量代谢中的特殊作用，它的结构解析无疑成为解开能量代谢谜团的关键。线粒体形态复杂，但是大多数的长度集中在 2 微米左右，直径集中在 0.5 微米左右，属于细胞的亚显微结构，没有高分辨率的显微设备，就无法对其结构进行解析。

自 18 世纪以来，解剖学迅速发展，生物器官的结构以及相应功能的研究得到了科学界的重视。生物学家、解剖学家科立克(Kolliker, 1817—1905)在这一研究领域做出了杰出的贡献。科立克出生于瑞士苏黎世,1838 年他来到波恩大学学习生理学,毕业后一直从事解剖学研究。在研究动物学的过程中,他细致地解剖了脊椎动物中的哺乳纲和两栖纲动物的横纹肌、平滑肌、骨头、皮肤、血管等多种组织,并且详细地记录了实验结果。1850 年,他在实验中观察到昆虫的横纹肌中具有许多颗粒结构,他对这些颗粒进行了分离研究。根据实验,科立克推测它们被半透性的膜包被着,这些小颗粒就是线粒体。科立克是第一个描述线粒体的科学家,但他并没有对这些颗粒进行命名。因为他当时还无法窥测到线粒体内部的亚显微结构,也就无从得知这些细胞器的具体功能,从而无法对其进行功能上的命名。

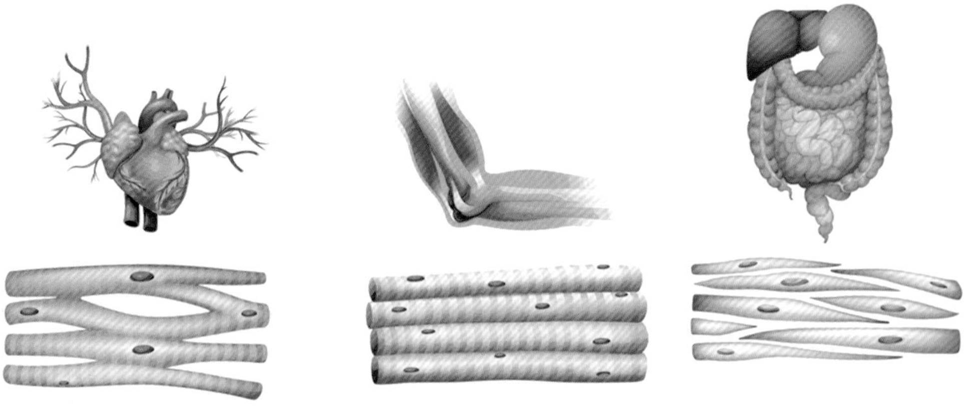

各种肌肉类型

通过仔细分析可以看出,科立克取得成功也是有一定客观原因的。他在实验中解剖的都是一些需要能量较多的组织,包括平滑肌、横纹肌、心肌等,这些组织都是与运动紧密联系的,需要大量的能量供给,而线粒体正是细胞中的"动力工厂",需能的多少和线粒体数量呈正相关,因此这些组织中的线粒体数量相对较多。虽然体积很小,但是数量上的巨大优势使得发现它们成为可能。这一点也正是科立克取得成功的最主要原因。

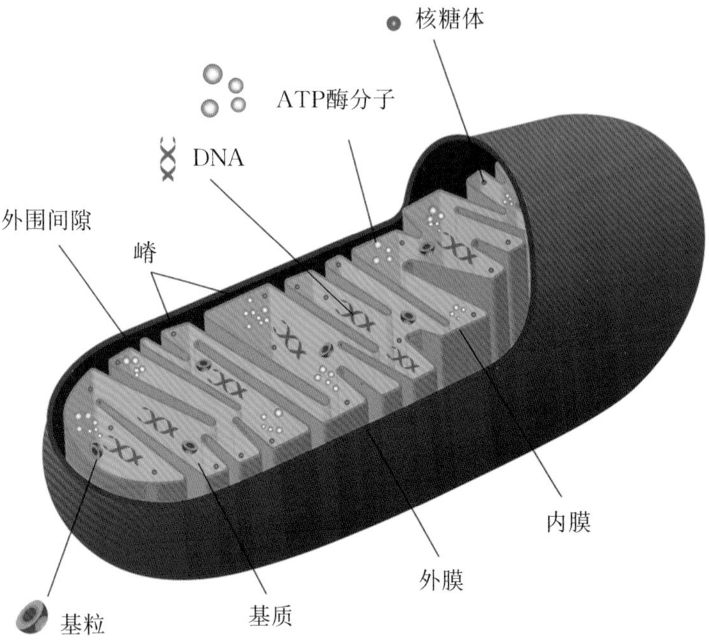

线粒体结构

因为当时的生物学界对细胞的微观结构还没有达成共识,同时显微镜也刚刚应用到生物学的研究中,所以对新发现的细胞器的研究大多停留在对表象的描述上,并没有进一步深入到其相应的功能研究上。在 17 世纪初期显微镜问世之后的很长一段时间里,科学家一直使用的都是简易显微镜,即在一个底座上加装一块粗糙的球面透镜,这种显微镜的放大功能有限,所以限制了当时细胞学理论向亚细胞结构的进一步发展。虽然科立克在未给出明确名称的情况下,首次描述了线粒体这种未知颗粒,但是他并没有弄清楚这种颗粒的微观结构,也不知道它们的功能和其内部的具体构造。他只是猜测这种数量众多的颗粒可能有着极为重要的生理学功能。

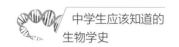

1880 年前后，显微技术有了质的飞跃，出现了多个镜片组合在一起的复合显微镜，显微镜的放大倍数提高到了 2000 倍，分辨率也相应地提高到了 0.002 毫米，从而使生物学家能够深入地研究细胞的亚显微结构。德国病理学家及组织学家理查德·阿尔特曼在研究细胞的亚显微结构时，在需能组织附近发现了大量的颗粒聚集，他将自己观察到的这些颗粒命名为原生粒。阿尔特曼决心要将这种原生粒与细胞中的其他结构区分开来。1886 年，他发明了一种鉴别这些颗粒的染色法，通过这种方法可以在显微镜下清楚地看到细胞中所有这种原生粒的分布状况。阿尔特曼猜测这些颗粒可能是共生于细胞内的独立存活的细菌，他并没有想到这种小颗粒可能是细胞自身的组成部分。1890 年，生物学家帕特斯将这种观察到的小颗粒命名为肌粒，因为它在肌肉细胞中的数量较多，这一点完全符合实际，因为肌肉是需要能量较多的组织。同年，生物学家奥塔曼首次将线粒体命名为细胞质活粒。他认为这种小颗粒可能是共生于细胞内的细菌，这种细菌是独立存活的，并不是细胞中的组成成分，也就是说，它不是一种细胞器。他的观点与阿尔特曼如出一辙，无疑全都偏离了事实真相。

1897 年，德国科学家卡尔·本达首次正式将这种颗粒命名为线粒体(Mitochondrion)。他在研究中发现，这些原生粒数量众多且形态多变，有时呈现线状，有时呈现颗粒状，所以他用希腊语中的“Mitos”(线)和“Chondros”(颗粒)组成“Mitochondrion”来为这种结构命名。至此，“线粒体”的名称正式被科学界采纳。

从 1850 年线粒体被描述到它被正式命名，整整经历了半个世纪的漫长时间！

第3章 布莱克本与生命的时钟

——细胞衰老机制的阐述

在人类衰老的外在表现中，有一个十分重要的特征，那就是皮肤的表面会出现老年斑。老年人的体表会出现块状或点状的黑褐色斑块，这就是老年斑。老年斑是一种色素沉积，尤其是在面部和手上。大家不要误以为老年斑只在皮肤的表面产生，其实它在人体的很多器官上都有沉积，只不过我们无法直接看到而已。当人的手脚或面部出现老年斑时，那么在人体内部的器官上也已经有老年斑产生了。

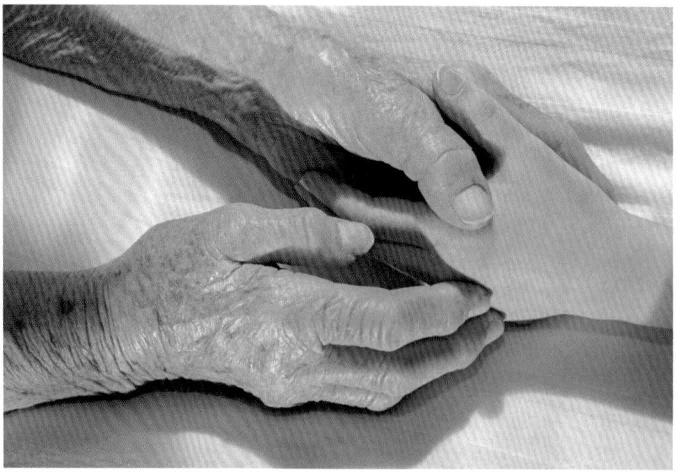

老人的手与孩童的手

打一个简单的比方，以便大家更方便地了解老年斑的本质。假如人体是一个庭院，每天都有一位清洁工来给庭院打扫卫生。当清洁工年轻的时候，庭院的垃圾能够很轻易地被清除，所以我们的皮肤看起来很光洁。但随着清洁工逐渐衰老，她打扫庭院的能力越来越差，当某天她无力再去清扫或者清扫得不再干净的时候，垃圾就开始在庭院中不断累积，于是就形成了老年斑。老年斑是人体衰老的标志，说明人体清除垃圾的能力已经减弱了。

老年斑的产生和人体机能的退化有着直接联系，是因人体不能排出或清扫某些代谢垃圾而导致的。那么衰老是什么因素造成的？影响衰老的体内外因素有哪些呢？

3.1 自由基的发现

关于衰老，有一个重要的假说——自由基衰老假说。自由基又称游离基，是一个含有单个不成对电子的原子团。学过化学的人都知道，这样的原子团容易失去或者获得电子，从而达到稳定状态。因此，自由基对脂肪有着强烈的过氧化作用，可以在体内引发脂质的过氧化反应，加速细胞的死亡。

1900 年，科学史上的第一个自由基被发现和证实。密歇根大学的摩西 · 冈伯格发现了一种神奇的基团，这种基团极不安分，它必须和两个以上的原子组合在一起，才能够形成稳定的结构。换句话说，当一个稳定的原子被外力打破，导致这个原子缺少一个电子时，自由基就会产生，此状态下的自由基很容易和其他物质发生化学反应。

1956 年，英国学者哈曼在前人研究的基础上提出了自由基衰老假说，并通过实验得到了验证。哈曼用X射线辐射动物，发现经过辐射后的动物的体内产生了自由基，并且自由基对机体造成了损伤，这种损伤极大地缩短了实验动物的寿命，因此他认为自由基是导致人体衰老的重要因素。

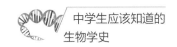

游离在人体内的自由基会对人体产生不可逆的损伤，其中一个重要的实例就是形成老年斑。在绝大多数情况下，自由基会对人体产生巨大的伤害。人类的生存环境中充斥着不计其数的自由基，我们时时刻刻处于自由基的包围和侵袭中，自由基充斥于我们的生活中，只不过不容易被我们察觉而已。例如，厨房炒菜的油烟中就富含自由基，这种油烟会使经常做饭的人罹患肺部疾病和肿瘤的概率远高于其他人。

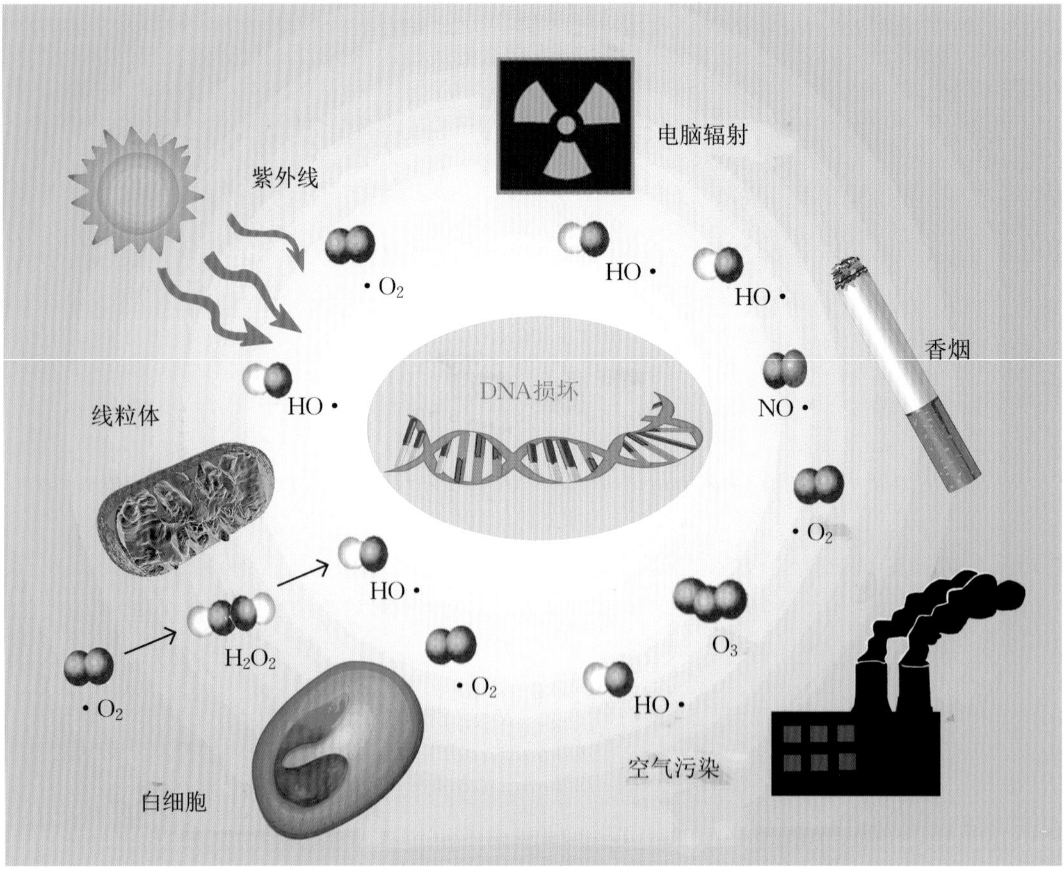

自由基的生成

此外，吸烟也会对人类的寿命产生影响。香烟的燃烧过程是一个十分复杂的化学过程，一支燃烧的香烟就像是一座小化工厂，会产生大量的化合物。传统观念认为吸烟对人体的危害来自烟碱，然而最新的研究表明，吸烟产生的自由基对人体造成的损害要远远大于烟碱。香烟的过滤嘴只能清除极少数的自由基，还有很多种自由基是清除不了的。

自由基的存活时间仅有10秒，但其进入人体后，就会直接或间接地损伤细胞膜，或直接与基因结合导致细胞转化，从而引发肺气肿、肺癌、肺间质纤维化等一系列疾病。

也许有人会反驳："在生活中有很多吸烟的人，他们都活到80多岁甚至更高的年龄，这说明吸烟是无害的。"其实，这是一个伪命题，人们是被问题的表象迷惑住了。每个人都是一个独立的个体，个人的寿命长短跟外界环境以及家族的基因遗传等因素都是相关的。生活中确实存在这样的长寿吸烟者，但这只能说明这些人的其他生活习惯很好或者他们的家族有良好的长寿基因。有一点可以肯定，吸烟肯定对这些人的身体造成了或多或少的损害。换句话说，这些吸烟的长寿者如果一开始不吸烟的话，一定能活得更久！

3.2 早衰症患者

正常情况下，人类的面容和年龄应该是基本相符的。一些所谓的"逆生长"现象，实际上与个人的心态、生活习惯、保健方式、化妆手段等因素密不可分。

从本质上讲，年龄增长与衰老保持对应关系才符合自然规律。从呱呱坠地的孩童到两鬓如霜的老者，我们的容颜会逐渐发生变化，会增长皱纹，会产生白发，身体的机能也会发生退化，甚至出现驼背、行动迟缓、言语缓慢等症状。

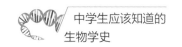

现实生活中还有这样一类人，他们可能不到十岁，但是看起来就像七八十岁的老人一样，满脸的皱纹、花白的头发，有的人甚至还出现了驼背和步履蹒跚等现象。其实，他们是早衰症（又称儿童早老症）患者，他们具有一些共同的特征，如发育延迟、头发稀少、皮肤老化、头皮血管突出、骨质疏松等。这些儿童正处在含苞待放的年龄，为什么会出现衰老症状呢？

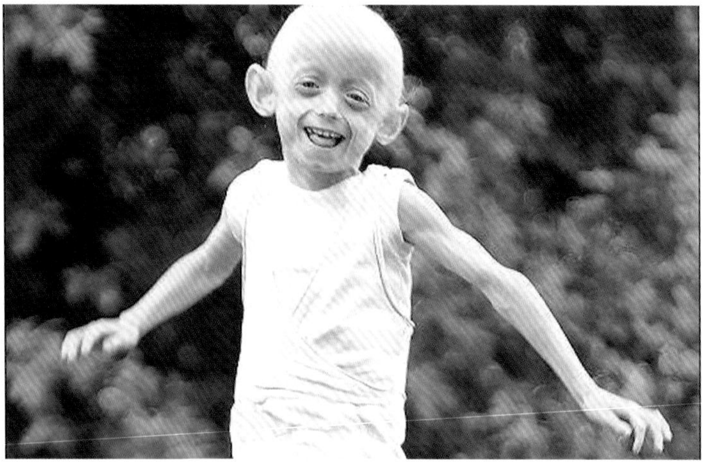

早衰症患者

研究发现，早衰症和遗传存在着密切的联系，这些患儿一般在 20 岁前就会死亡。有人做过比较，早衰症患者每过 1 天大约相当于正常人过 10 天，就像《西游记》里描述的“天上一天，地下一年”一样。早衰症的发病率在八百万分之一到四百万分之一，如果家族中没有这方面疾病的遗传史，除非发生基因突变，否则不必担心这种疾病会发生在自己和自己的孩子身上。

早衰症向我们释放出一个重要的信号，那就是在人体中一定有着控制衰老的信号机关，当这一机关被触碰并释放的时候，就会开启人体的衰老进程。如何治疗早衰症呢？科学家期望能够通过研究裸鼹鼠来获得一些启发。

裸鼹鼠是一种形态极其丑陋的啮齿类动物，看上去就像是生化灾难中的变异生物。由于长期生活在地下，裸鼹鼠的眼睛高度退化，几乎丧失了视觉。它的皮肤表面几近无毛，在身体两侧从头到尾长着几十根触须，用来辨别方向和寻找猎物。裸鼹鼠的寿命可达 30 年，大概是普通家鼠寿命的 10 倍。科学家给予它高度赞誉："它的基因密码可以揭开人类长寿的基因宝盒。"

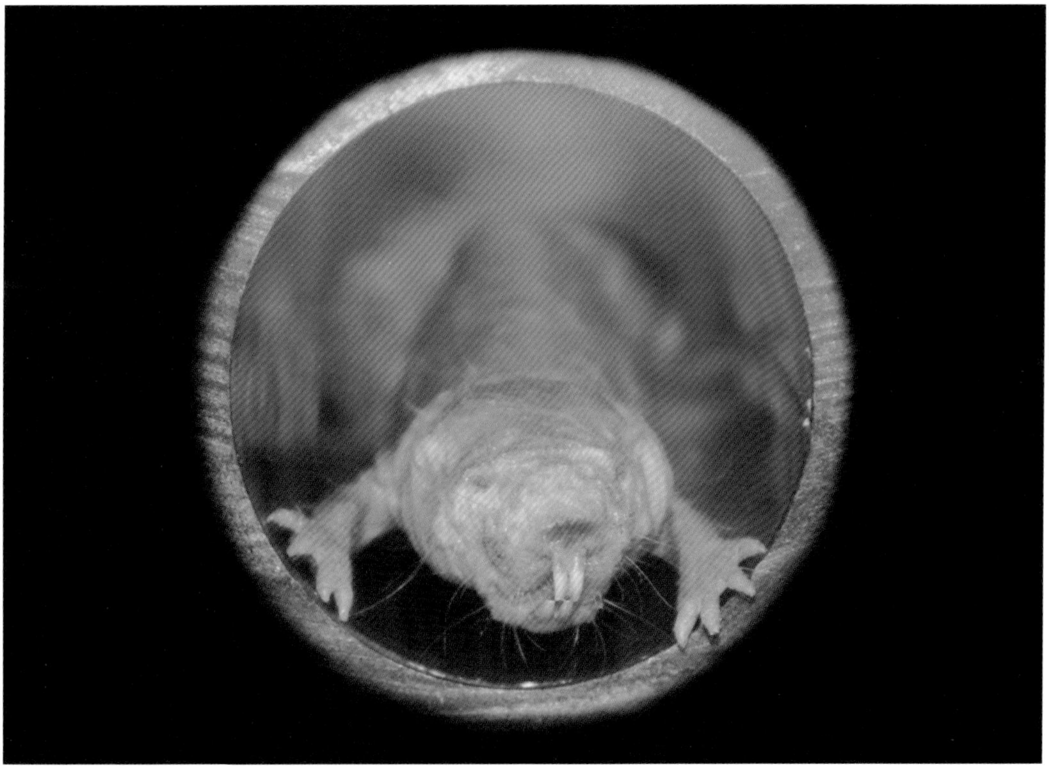

裸鼹鼠

科学家卡尔·罗德里格斯研究发现：裸鼹鼠的细胞因子具有保护

体内蛋白酶的功能。人类在通过酶来处理体内存在的垃圾(如代谢废物)时,自身的蛋白质也会受到相应的损伤,最终导致细胞的死亡,这就类似于日常的生活用品会随着不断地被使用而逐渐损耗一样。裸鼹鼠的细胞因子可以有效地保护垃圾清扫工具——蛋白酶的活性,这样就减缓了衰老的速度。

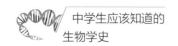

另外,裸鼹鼠还有一个值得关注的特点,它从来不会罹患癌症。2013 年国际顶级学术期刊《自然》上发表了一篇关于裸鼹鼠的研究文章。研究发现,在裸鼹鼠体内存在着一种叫作透明质酸的物质,这种物质在细胞表面大量富集,使得细胞之间的联系变得相对敏感,当细胞接触过于紧密时,透明质酸就会发出指令,让细胞停止分裂,从而阻止癌细胞的发展。

《自然》杂志封面

目前的假说认为，人的理论寿命应该在120～150岁，但是现实生活中能够活到这个岁数的人却寥寥无几，甚至很多人连达到理论寿命的一半都很困难。

理论寿命是在各种条件都很完善、人体中的细胞没受到任何损伤的前提下才能够达到的。现实中，我们生活的环境中存在着各种各样的对身体有害的因素，包括被污染的食物、弥漫的雾霾、自身的疾病等，这些因素都会对人体产生很大的危害，这些危害逐渐累积，不断地损伤着我们的基因，破坏着我们的遗传物质，损害着我们的器官。因此，目前看来理论上的极限寿命在短期内是难以实现的。应从外界的环境和内在的基因着手，不断地寻找新的方式来延缓人类的衰老步伐，增加我们的寿命阈值，提升我们的生活质量。

3.3　生命的时钟

19世纪初，生物学家开瑞尔和伊博林进行了一项看似无懈可击的实验：把鸡的心脏细胞在体外进行培养，通过人工培养的方式不断给这些细胞提供新鲜的鸡血浆，让细胞在模拟体内的环境下生长繁殖。结果他们发现细胞是不死的，可以一直分裂、繁殖下去。两位科学家向外界报告了这项无懈可击的实验，声称这些鸡心细胞已经连续培养了34年，并且有一直繁殖下去的潜力，所以他们认为细胞是不死的。

细胞不死论统治了科学界长达40年之久。1965年，美国生物学家哈弗利克推翻了这一错误理论。哈弗利克对大量的人的成纤维细胞进行增殖培养，结果发现所有培养的成纤维细胞都有一定的寿命，

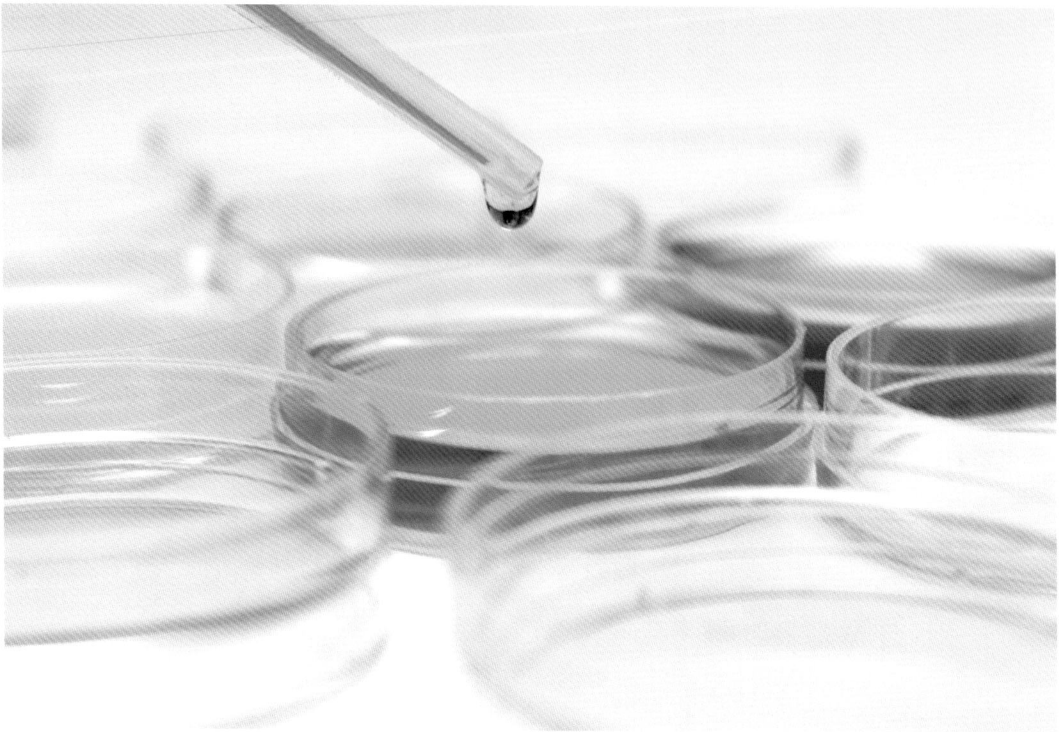

细胞培养

并不能像癌细胞或者干细胞一样，永久地存活下去。因此，他提出“细胞都有寿命”的观点。为了证明这一结论，他不断地培养不同的细胞，实验结果都支持了他的论断。哈弗利克还认为培养细胞的供体来源决定了它的寿命。

因此，哈弗利克提出了著名的“哈弗利克界限”：细胞不是不死的，而是有一定寿命的，并且培养细胞的寿命和供体的年龄有关，即供体细胞越年轻，那么培养的时间就越长，反之就短。通俗地说，如果某种人体细胞总共能分裂 50 次，那么对从中年人身上取得的该种细胞进行培养，它就只能分裂 25 次左右。

实际上，开瑞尔和伊博林的实验存在一个巨大的漏洞：如何保证在细胞培养过程中既提供新鲜血浆又不带入新的活细胞呢？这些血浆并未经过严格的分离和筛选。后来，科学家进行了更加严谨的实验,如果向培养的鸡心细胞中加入筛除了新鲜细胞的血浆营养液的话,鸡心细胞在分裂一定的次数后就会死亡。

哈弗利克界限间接地说明:细胞中存在一种控制衰老的机制,也就是我们常说的“生命时钟”。但是这究竟是怎么形成的?哈弗利克也无从知晓,他未能把这一理论和端粒的作用联系起来。

1946年,诺贝尔生理学或医学奖获得者穆勒在研究线粒体DNA结构的时候,发现了一个奇怪的现象:断裂的染色体末端很容易发生相互之间的黏合,形成各种不同的染色体畸变,而天然的染色体结构却极其稳定,这就说明正常的DNA序列和它末端的一段DNA在性质上有很大的差别,末端的DNA并不具有什么具体的功能,但是它能够起到稳定遗传物质DNA的作用。穆勒还发现,如果末端的DNA减少到一定程度的时候,DNA序列就会逐渐地失去稳定性,发生解体,细胞也就会走向死亡。

穆勒

穆勒其实并不清楚，他无意中发现的这段特殊的结构——端粒，正是我们在苦苦寻找的“生命时钟”。

我们可以把端粒看成DNA的保护套，这个保护套起到了稳定遗传物质的作用，可以防止不同的染色体之间发生粘连，以保证这些染色体结构的稳定。端粒的存在就如同鞋带末端的塑料扣，保证了整条DNA的完整。

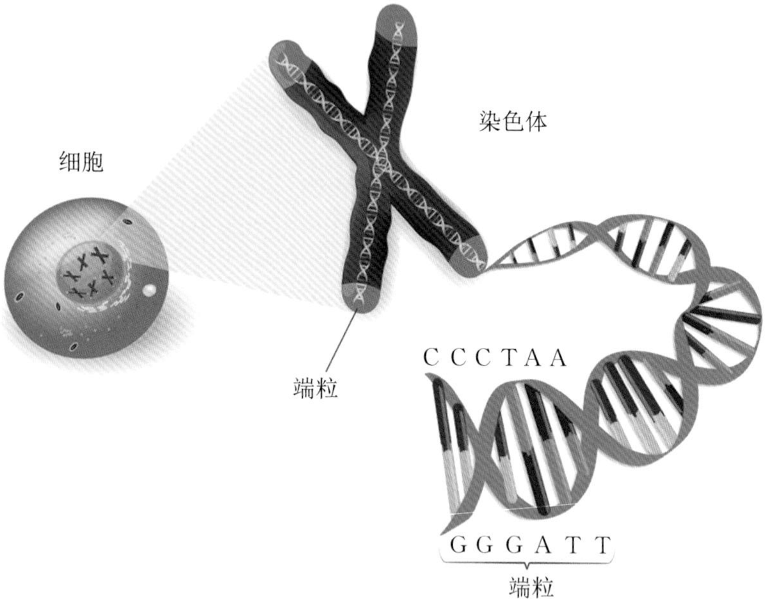

端粒

在不同的物种中，端粒的长度是不同的。曾经有科研工作者从健康人群中抽取20岁以上的人群作为研究对象，利用荧光定量PCR技术进行端粒相对长度检测，结果发现端粒长度随年龄增加而逐渐缩短。

细胞每分裂一次，端粒就会损失一点，即磨损50～200个碱基。如果它的长度减少到一定程度的话，那么细胞就会停止分裂。细胞不能继续复制，从而进入到衰老和死亡的程序中，这正是端粒被称为“生命时钟”的原因。

这从一个侧面证实了生命的长度和端粒的长度是相关的:端粒的长度代表了剩余的生命长度,端粒长则生命就长。但是,端粒是如何决定生命长度的,穆勒却并不清楚其中有哪些具体的机制。

穆勒提出“端粒”的概念之后,科学界对这一神奇结构的研究陷入了沉寂。直到 1978 年布莱克本在四膜虫体内再次发现了端粒,才重新唤起科学界对它的研究兴趣。

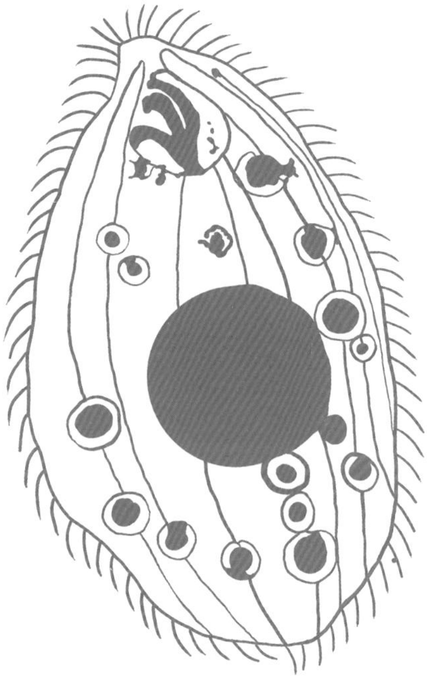

四膜虫

2009 年 10 月 5 日,在瑞典卡罗林斯卡医学院,诺贝尔奖颁奖委员会把诺贝尔生理学或医学奖颁给了三位美国科学家:旧金山大学的伊丽莎白·布莱克本、约翰·霍普金斯医学院的卡罗尔·格雷德和哈佛医学院的杰克·绍斯塔克,以表彰他们在癌症和衰老研究方面做出的贡献。他们三人的主要研究对象便是端粒。

伊丽莎白·布莱克本

卡罗尔·格雷德

杰克·绍斯塔克

布莱克本在研究中发现一种奇怪的现象：四膜虫的端粒是由“TTGGGG”这样完全重复的序列组成的，哺乳动物的端粒则是由“TTAGGG”这样重复的序列组成的。在人体染色体端粒中有1000个“TTAGGG”这样的序列，染色体的每次复制都会对这种短的重复序列造成磨损，当磨损达到一定程度后，染色体的端粒便无法再起到稳定染色体的作用，细胞就会变得不稳定，然后死亡。

在体外培养的细胞同样存在着这一奇怪的现象，端粒的长度也会随着细胞分裂次数的增加而逐渐变短。这些事实充分说明端粒的长短与寿命有着直接的联系。

为了回答“玉米夫人”麦克林托克的“端粒对保护染色体究竟起什么样的作用”的提问，布莱克本开始尝试在酿酒酵母体内重新构建人工的染色体。在实验中，如果仅仅把线性的 DNA 导入到酿酒酵母中，这些导入的 DNA 很快就会和酵母体内的同源染色体发生融合，得不到预先设想的染色体，因为线性的染色体可以说是黏黏糊糊的，很容易相互黏合。但是，如果在导入的线性 DNA 两端连接上四膜虫的端粒后，这些外源的 DNA 就能够保持稳定，不再发生融合。

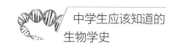

端粒在维护遗传物质的稳定上有着重要的作用。在正常的人体细胞中共有 23 对染色体、46 条 DNA，染色体上的端粒会随着 DNA 复制的进行而磨损，大量的重复序列(TTAGGG)不断减少。细胞每分裂一次，端粒就会损失一次。就像一根铅笔，随着使用时间的增加，铅笔会逐渐变短。当端粒缩短到一定程度时，细胞就不能继续复制和分裂，转而进入衰老和程序性死亡。因此，端粒的长度在一定程度上便代表着细胞的寿命，端粒就是衡量生物寿命长短的分子钟。当然，物种不同、组织不同、个体不同，细胞的端粒长度也是不尽相同的。

有研究显示，端粒长度短于平均值的老人与长于平均值的老人相比，前者寿命短 4～5 年，死于心脏病的概率高 3 倍，端粒最短者死于传染病的概率比端粒最长者高 8 倍。科学家在对一种典型的早衰症——郝-吉二氏症患儿的成纤维细胞进行体外培养时，发现他们的端粒磨损速度要明显快于正常儿童，因此他们的寿命要远远短于同龄的健康孩子。这也从一个侧面证实，端粒磨损的速度与我们寿命的长短有很大关系。

很多遗传性疾病都会影响人类的寿命。现在，医院会提供很多与遗传有关的疾病检查服务，如准妈妈们常做的一项产前检查——唐氏筛查。唐氏筛查的主要目的就是分析胎儿患唐氏综合征的风险的高低。唐氏综合征又称 21 三体综合征，是由染色体异常(多了一条 21 号染色体)导致的疾病。科学家对患儿的外周血淋巴细胞进行检测，发现这些细胞在分裂复制的时候，端粒磨损的速度是正常细胞端粒磨损速度的 3 倍。换句话说，患儿的“生命时钟”要比正常人快 3 倍，所以唐氏综合征患儿很少活过 30 岁。

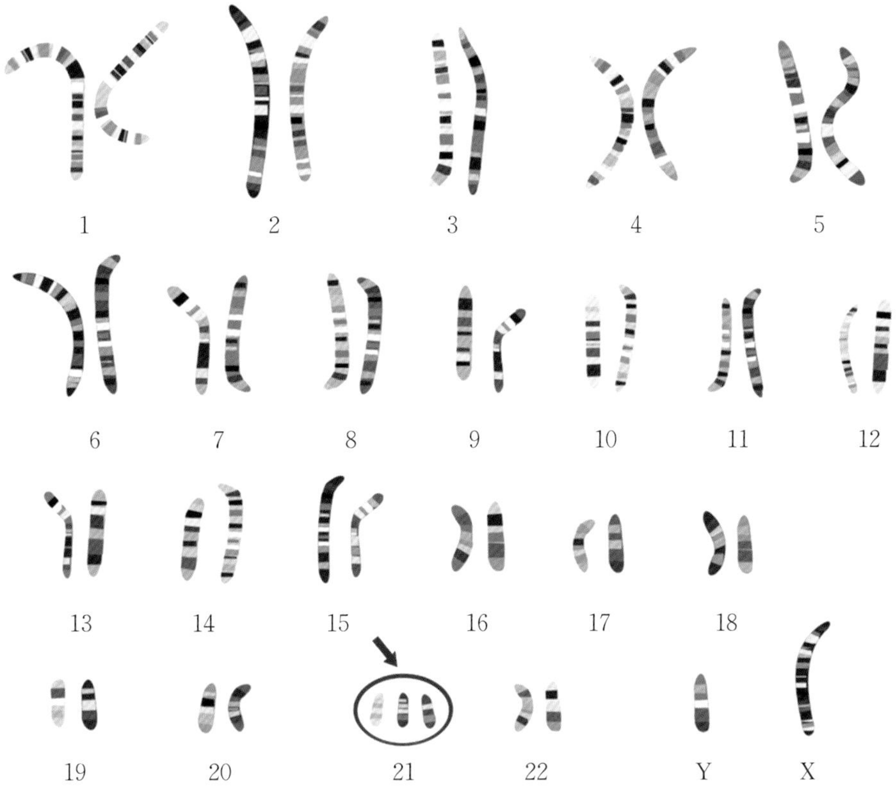

唐氏综合征染色体图谱

唐氏综合征也是早衰症的一种，这种疾病属于染色体遗传病，疾病的发生概率很低，大多发生在高龄产妇、易接触到各种化学药品者和在放射性环境下工作的人员的后代身上。

3.4 寿命的极限

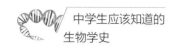

据《国语》和《史记》记载，我国古代有位叫彭祖的人活到了“800岁”，甚至东晋著名医学家葛洪还为他单独立传，这究竟是怎么一回事呢？

原来在彭祖的家乡——现在的江苏省徐州市，有一种以60天为一年，俗称“小甲子”的特殊记年法。据此换算一下，彭祖活了约48000天，即132岁左右。与普通人相比，彭祖的寿命的确是一个奇迹！难怪后人对彭祖尊崇有加，于是“800岁的彭祖”这一说法便流传至今。

据《吉尼斯世界纪录大全》记载，世界上有记录可考的最长寿的人是122岁的法国女性Jeanne Calment。有关人类寿命极限的一系列疑问和各种复杂现象，少数已经被我们解析，但更多的尚处在研究之中。

人类的寿命极限究竟是多少呢？对于这一问题众说纷纭，目前得到公认的主要有三种学说：

第一种假说是解剖学家巴丰提出的，哺乳动物的寿命一般为生长期的5～7倍。人的生长期需要20～25年，采用生长期测算法，大致推算出人的自然寿命应该是100～175岁。

第二种算法是由哈尔列尔等科学家提出来的性成熟期测算法，即哺乳动物的寿命一般为性成熟期的8～10倍。人的性成熟期为13～15年，据此，人的自然寿命应该在100～150岁。

第三种说法来自美国生物学家哈弗利克，他采用的是细胞分裂次数和分裂周期乘积计算法。一般人体细胞的分裂次数大约为50次，分裂周期通常为3年，由此，人的自然寿命应该在110～150岁。

结合以上三种假说，人的理论寿命可能在120～150岁，但是现实生活中却鲜有人能够达到。同时我们还发现一个奇怪的现象，人类中女性的寿命极限要明显高于男性，一般长寿者也多为女性，这是为什么呢？

根据科学统计，女性的平均寿命要比男性高7～10岁。其原因是多方面的，首先从基因角度分析，女性的性染色体是两条X染色体，而男性只有一条X染色体，另外一条是Y染色体。相对于X染色体来说，Y染色体要小很多，因此承受外界风险的能力要差一些，携带基因的能力要弱一些，并且还少了一些与长寿相关的遗传因子。

3.5 长生不老是个灾难

在民间广泛流传着这样一句话——“七十三、八十四，阎王不叫自己去”，这句话的大致意思是，73岁或84岁分别是老年人的一个坎，很多老年人都在这时去世或遭遇重大疾病。为什么人们会有这样的认知呢？

其实，这一说法缘于古人对传统儒家思想的推崇。孔子(前551—前479)享年73岁，孟子(前372—前289)享年84岁，以孔子和孟子为代表的儒家思想统治中国两千多年，影响深远。人们为了表达对两位儒家大师的崇敬，把自己的寿命定位为不能超越这两位圣贤，于是就有了这样的民谚。

这一说法深入人心的另一个原因源自心理学上的“心理暗示”。我们身边的老人并非仅在这两个年龄去世，只是因为有着这样的说法，大家就对在这两个岁数去世的老人特别地在意。每当听到有人在这两个年龄去世时，就会对这一说法加深一次印象，即在脑海中又进行了一次强化。久而久之，这样的说法便在心里固化下来。

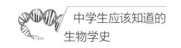

无论是在蒙昧落后的古代，还是在科技高度发达的今天，人类一直在寻求永生。从目前人类的知识储备推断，人类长生不老的愿望基本是不能实现的，其中的原因林林总总，包括环境的负载能力、人类自身的繁衍需求、人类自身的生理极限等。

人体的遗传物质DNA好比一本“天书”，总共有30亿个碱基，包含了10万个基因。每一次的DNA复制总会出现些许难以避免的错误，有的错误会被人体的自我修复机制纠正，有的错误不是发生在编码重要蛋白质的基因上，所以不会对人体产生任何影响。但是，随着我们年龄的增长，复制次数逐渐增加，错误出现的概率会逐渐加大，出现遗传突变的可能性便会增加。与此同时，我们自身的纠错机制却随着年龄的增长而逐渐退化。现实生活中越是高龄的产妇越容易生出有缺陷的婴儿，就是因为这一因素。因此，长生不老对人体来说意味着太多的突变和不确定性。

从环境的承载能力来说，在人类尚未在宇宙中发现其他的宜居星球前，长生不老就是一个灾难。人口的指数式增长很快就会超越地球的负载极限。人类的生存需要空间，需要占有一定的社会和环境资源，当矛盾不可调和的时候，便会发生大规模的战争、瘟疫、饥荒……

因此，不论是从人类自身的生理极限来看，还是从外界环境的容量阈值来看，长生不老都不是一个好选择！当然，延长人类的平均寿命是完全没有问题的，甚至于未来将人类的寿命延长到极限的150岁亦是有可能的。

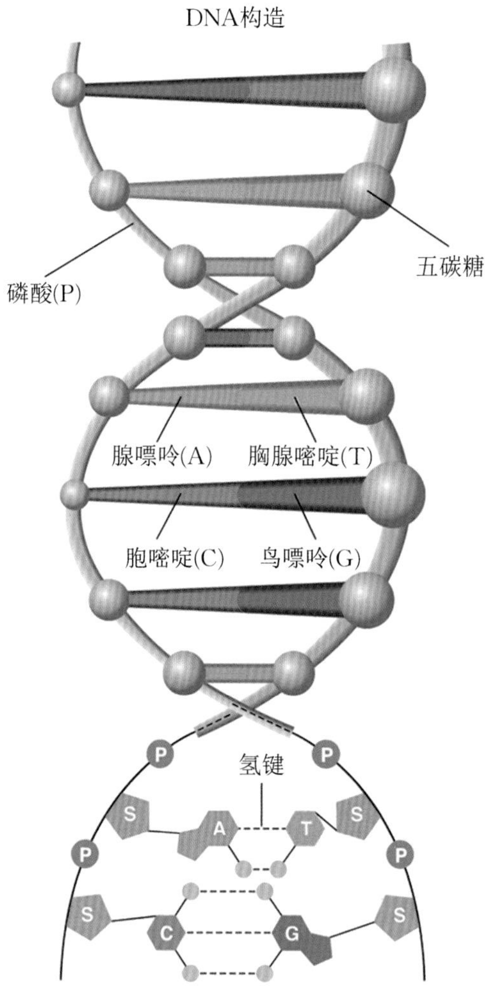

人体 DNA

3.6 海拉细胞与癌细胞的发现

癌细胞难以灭杀的原因有很多,其中有两点最为关键。首先,癌细胞在复制时不会出现端粒磨损,可以持续增殖,同时它不受接触抑制的影响，可以不受限制地堆叠生长。其次，癌细胞能够游走，它可以随意地脱离原先的组织，随着血液在人体内流动，一旦遇到合适的生长条件，它就会离开血液，在新的地点生长壮大。这也是癌症晚期癌细胞在体内不断转移到处扩散的原因。据统计，90%以上的癌症患者最终死于癌细胞转移。

癌细胞是一种名副其实的长生不老的细胞，它在没有外界干扰的情况下，如果有合适的生长环境，它就会一直不停地生长下去。最著名的一株癌细胞叫作海拉细胞。海拉全名叫海莉耶塔·拉克丝，她生于美国弗吉尼亚州，是一名普通的黑人女性。在14岁时，她生下了第一个孩子，在第五个孩子出世后，她经常出现子宫疼痛。于是在1951年初，她前往约翰·霍普金斯大学医院求诊。

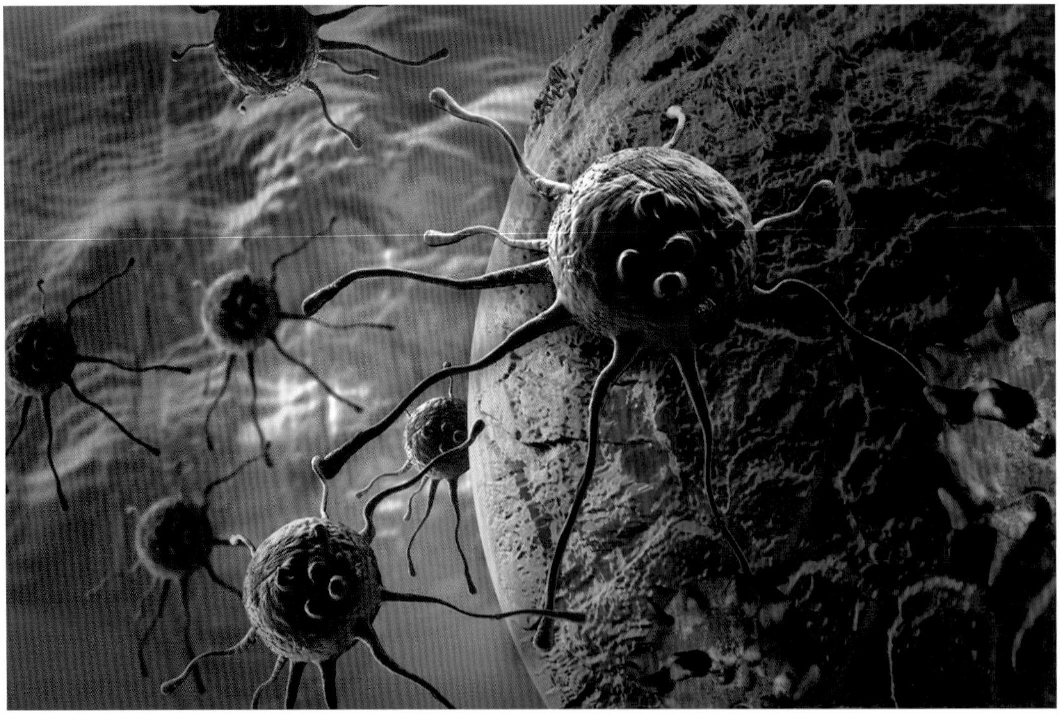

癌细胞

2月1日，医生在给拉克丝做检查的时候发现，在她的子宫颈上有一块硬币大小凸起的伤口，表面非常平滑，呈现紫色，这一类似于紫葡萄大小的肿瘤一碰就会大量出血。医生非常震惊，三个月前，拉克丝在这里分娩第五个孩子的时候还没有发现异常，而在短短的三个月内肿瘤就长这么大，说明这种宫颈癌细胞的生长速度很快！

虽然医生切除了肿瘤，但是拉克丝体内的癌细胞已经扩散，一切常规的治疗方法都已经没有效果。1951年10月，年仅31岁的她因为宫颈癌导致的尿毒症而去世。为了研究这种疯狂生长的细胞，医生在她生前就将她体内的这种癌细胞提取了出来，并在实验室里进行培养，以观察这种细胞的生长特点。世界上的很多实验室都在培养海拉细胞，它每隔24小时就复制倍增一次，不断地繁殖生长，生命力非常顽强。

海拉细胞完全突破了正常细胞的生长接触抑制。什么是接触抑制呢？它是正常细胞生长和人类生存的一个关键法则。当人体皮肤或者器官受到伤害或者被培养的细胞生长时，细胞都是从两端向中间对向生长的，当周边的细胞生长并触碰到一起的时候，生长就会停止，这就是接触抑制。这一法则保证了整个细胞表面是平坦的，但是癌细胞就突破了这一限制，它们接触在一起后，还可以不断地堆叠，继续生长，形成一个瘤状的突起，完全不受接触抑制这样的机制调控，逐渐堆叠，形成肿瘤。

海拉细胞在取出来之后就被送往约翰·霍普金斯大学医院的组织培养中心，进行体外培养。当时的研究中心主任盖伊正在进行一项重要的研究，利用体外培养的癌细胞来找寻癌症产生的原因，然后再有针对性地提出具体的治疗方案。在培养海拉细胞之前的30年里，盖伊和同事们一直在寻找可在体外持续生长的癌细胞，但是由于种种原因，一直没有寻找到合适的可以无限繁殖的细胞株。海拉细胞的出现及时地弥补了这一缺憾。在被培养的第二天，海拉细胞就出现了生长的迹象，随后研究人员惊奇地发现，海拉细胞每隔 24 小时就会繁殖增长一倍。

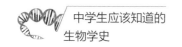

盖伊本打算用“拉克丝”来给细胞株命名，但是为了防止其他人利用，也为了保护患者的隐私，最后选取了患者姓名中的一部分，将其命名为海拉细胞。这种担心不是毫无依据的，2013 年，德国海德堡的欧洲分子生物学实验室的科研人员拉尔斯·斯坦梅茨和他的实验团队公布了海拉细胞的基因组序列，但是这一做法泄露了拉克丝后代的基因特征，随后这一基因组数据被从公共的数据库中删除。直到征得拉克丝家族同意后，美国华盛顿大学的研究小组才最终公布了海拉细胞的基因组图谱。

海拉细胞一直繁衍至今，在长达近 70 年的时间里，繁殖了 20000 代以上。科学家估计，如果将所有培养过的海拉细胞堆积起来的话，它们可能重达 5000 万吨，相当于 100 个帝国大厦的重量；如果将所有培养过的海拉细胞从头到尾排列起来，它们可以绕地球 3 圈。

海拉细胞一直在世界各地的实验室里被不断地用于研究。1989 年，美国加利福尼亚大学的分子生物学教授莫林在人类的宫颈癌细胞中发现了端粒酶，找到了细胞寿命长短的控制器。但是后续的研究又给人类泼了一盆冷水。多年来，科学家利用海拉细胞先后研究了艾滋病、疱疹、寨卡、麻疹、腮腺炎等疾病病毒。研究人员向海拉细胞中加入 CD4 蛋白，再用艾滋病病毒侵染，构建出测试艾滋病毒的海拉细胞模型，以尝试不同的艾滋病治疗方案！

海拉细胞还被送上了太空，并且为五项获诺贝尔奖的研究成果做出过巨大贡献。2010 年，美国人为了纪念海莉耶塔·拉克丝为人类做出的贡献，特地在她的墓碑上刻上了这样一句话：“海拉细胞，将永远造福人类。”

第4章 悲情的拉马克与用进废退学说
——进化思想的起源

伴随着18世纪技术革命和理性启蒙运动的蓬勃兴起，人性逐渐从宗教枷锁的禁锢下被释放出来，越来越多的人开始尝试思考我们人类的起源：我们是从哪里来的，要到哪里去？时至今日，进化论经历了长期的发展，从最初的萌芽、创立、发展、成熟直至现在的修改、完善，让我们充分领略了进化学说在发展过程中所体现的独特魅力。

4.1 林奈与动植物分类

瑞典博物学家林奈是生物分类学的先驱。林奈的父亲是瑞典司马兰德省拉舒尔特村的一名朴实的农民，一次偶然的机会，他成为了一名牧师，牧师在当时算是一种比较体面的职业。他对自己的孩子倾注了大量的心血，希望林奈能够多学习知识，从而可以跳出之前的生活圈子，摆脱原先的生活窘况。

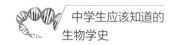

林奈

但是事与愿违，林奈从小就是个叛逆的孩子，不知道是青春期激素变化带来的“负面”影响，还是骨子里对生物学知识的渴求，林奈对自己的学业并不感兴趣，却对动植物研究情有独钟。他 20 岁时进入了龙德大学，随后又辗转来到乌帕撒拉大学，接受了系统的博物学知识的教育，并具备了制作标本的能力。1732 年，25 岁的林奈跟随探险队到瑞典北部进行博物学考察。在此期间，他积累了大量的第一手素材。1735 年，28 岁的林奈在荷兰取得了博士学位，并且出版了他的第一本博物学著作——《自然系统》。虽然是著作，但是这本书仅有 12 页，就是这本 12 页的著作在科学史上的地位却无可替代。林奈在书中提出了不同于以往的分类观点：应该以性器官为标准进行植物分类。这种观点是石破天惊的，也让那些对动植物分类无从下手的科研工作者找到了新的研究方向。

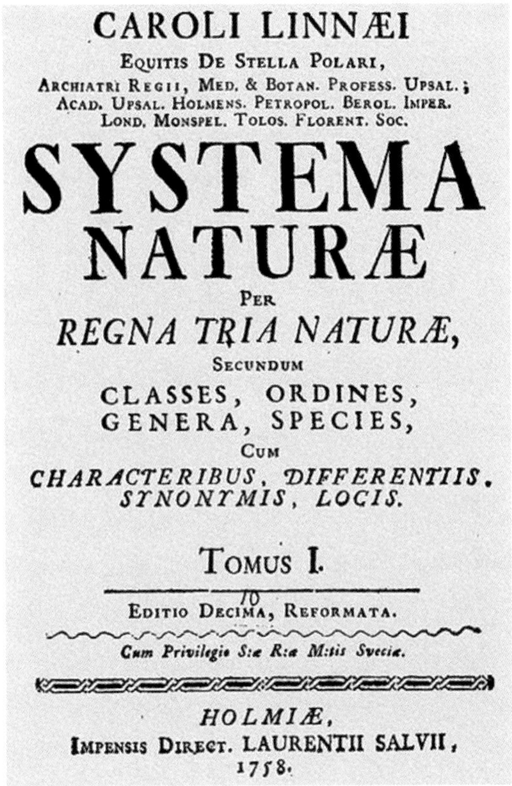

CAROLI LINNÆI
EQUITIS DE STELLA POLARI,
ARCHIATRI REGII, MED. & BOTAN. PROFESS. UPSAL.;
ACAD. UPSAL. HOLMENS. PETROPOL. BEROL. IMPER.
LOND. MONSPEL. TOLOS. FLORENT. SOC.

SYSTEMA
NATURÆ
PER
REGNA TRIA NATURÆ,
SECUNDUM
CLASSES, ORDINES,
GENERA, SPECIES,
CUM
CHARACTERIBUS, DIFFERENTIIS,
SYNONYMIS, LOCIS.

TOMUS I.

EDITIO DECIMA, REFORMATA.

Cum Privilegio S:æ R:æ M:tis Sveciæ.

HOLMIÆ,
IMPENSIS DIRECT. LAURENTII SALVII,
1758.

《自然系统》封面

林奈不断地搜集资料,以完善自己的学说,他建立了生物的人为分类体系和双名制命名法,并且把大自然分为三界:动物界、植物界和矿物界。这种简单而又原始的分类体系在现在看来其实并不科学,但在当时却是科学的一个代名词。

林奈对《自然系统》不断地进行修改、完善,前前后后一共出版了12次。从第一版的12页到1768年第十二版的1372页,仅仅从数字的变化就可以看出,这本《自然系统》饱含了林奈对分类学的深情与热爱。

分类学逐步完善的过程其实就是生物进化学说正式被提出前的知识积累过程。分类学从生物学的视角把各种物种按照特定的标准归纳在一起,例如按照器官的类型、排列方式、颜色、形状等。

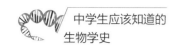

这项繁杂而又伟大的工作,从客观上促进了人们去思考:被分为一类的物种是不是来自共同的祖先?它们之间有没有什么共同的特征?

林奈的分类学理论在欧洲大陆广泛传播,然而比林奈小两岁的布丰却表达了自己的不同意见。布丰用优美的文笔和大量的插图,完成了另一本学术巨著——《自然史》。在这本书中,布丰阐述了他的观点,他认为并不存在林奈所说的人为划分的门、纲、目、科、属、种等间断式的分类方式,自然界应该是连续一体的,他大胆地猜测地球的发展经历了七个连续发展的阶段。

布丰的观点有着一定的积极意义,他开始尝试用发展和变化的眼光来看待物种的进化,他认为物种不是一成不变的,而是在不断发展变化的。他坚信没有什么人为的分类系统,自然界的变化是连续不断的。

简单点来说,布丰认为所有的物种进化都像流水一样紧密衔接且不断变化,我们能找到它们渐变的证据,但是人为、刻意的分类打破了这种连续变化的体系,是没有意义的。

我们承认布丰的观点有正确的地方,比如说:物种的发展不存在断崖式的变化,而是连续不断的、遵循着循序渐进的模式逐步进行的。但是他完全否定林奈的门、纲、目、科、属、种的科学分类方式是错误的,毕竟通过系统的分类学能够让我们清晰地认识物种之间的亲缘关系。

经过林奈和布丰的不断研究和探索,进化论萌芽所需的沃土已经基本形成,若能辅以辛勤耕耘,后来者必将采摘到丰硕的果实。

4.2 用进废退学说中长颈鹿的由来

在林奈和布丰之后,第一个提出进化思想的人是拉马克,但他在进化论的发展史中处于一个重要而又尴尬的位置。拉马克将自己的理论汇集在一起,形成了一部长篇巨著——《动物学哲学》。他对进化机制有着自己独特的见解,但是他的很多见解都是错误的。

如果客观地对拉马克进行评价,他的学术成就并不比达尔文低,在当时的历史条件下,拉马克创造性地提出进化的思想,这除了要有特立独行的科学思维之外,勇气也是必不可少的条件。从这一点上说,拉马克比达尔文的历史贡献很可能还要更大一些。但是现在绝大多数的图书却没能给予拉马克一个全面、公正的评价。

我们可以把拉马克的学术观点总结成两点:用进废退和获得性遗传。

什么是用进废退呢?这里举个简单的例子。在古代的草原上,生长着很高大的植物,生活着一些爱吃树叶的羚羊。刚开始的时候,植物的数量很多,但随着羚羊种群数量的不断增长,植物的叶子开始有些供不应求了。低矮的植物已经被完全吃光了,只剩一些高大的植物,羚羊如果需要觅食这些植物的话,就要不断地抬起头,伸长脖子,去舔食和撕咬树叶。久而久之,一些羚羊因脖子不断地变长,可采食到足够多的树叶,得以存活,而那些脖子没有变长的羚羊只能在饥饿中逐渐死去,不能继续繁衍后代。这一过程就是最原始的自然选择。那么,随着时间的流逝,存活下来的羚羊都是长脖子的,这一物种的脖子就会逐步地变得越来越长，久而久之就进化成了现在的长颈鹿。总结起来就是一句话：高大的树木选择了脖子长的羚羊，而羚羊也在不断使用脖子的过程中将自己进化成了长颈鹿。这就是拉马克“用则进，废则退”的基本观点。

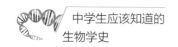

在自然选择完成后，还需要有获得性遗传的支持，才能完成进化。那么，什么是获得性遗传呢？如果这种长脖子的性状能够遗传给下一代，即长脖子羚羊的后代一出生便具有长脖子，再也不需要后天的不断练习，已形成了稳定的进化机制，我们就将这样的现象称为获得性遗传。

以上的说法现在都已经被证实是错误的，我们也对用进废退和获得性遗传的观点进行了批判，我们将在下一章中加以详细介绍。但是，拉马克的贡献是巨大的，他突破了神学对人类思想的禁锢，开始用逻辑思维去审视人类自身的起源问题，他明白了自然规律的重要，也懂得了自然是比神更值得敬畏的存在。

4.3 悲情的拉马克

拉马克是一个悲剧式的人物，无论是在生活上还是在学术上。在生活中，拉马克一生穷困潦倒，有时连吃饭都成问题，过着饥一顿饱一顿的日子。他在走到生命尽头的时候连买墓地的钱都没有，只能与贫民混葬在一起。但是生活上的贫困并不能阻碍拉马克精神上的富有，他把所有的时间都奉献给了自己创立的学说。

可悲的是，这一学说在后来被证明是错误的，拉马克也被贴上了伪进化论者的标签。但这一评价对拉马克来说并不公平，他是第一个吃螃蟹的人、第一个提出具有进化思想观点的人，这不是一般人能够做到的。毕竟在当时提出与宗教信仰不同的观点是有生命危险的，是需要极大勇气的。

公正地说，拉马克的学术贡献并不比达尔文差。现今对他的诸多指责都是失之偏颇的。我们不能剥离当时的时代背景，完全用现在的眼光去看待科学史中的事件和人物，我们分析和判断这些人和事的关系，一定要放在当时的历史背景下去仔细分析和揣摩，才能得到相对客观、公正的结果。

屋漏偏逢连夜雨，拉马克在选人用人上也遭受了巨大的打击，他举荐的青年科学家居维叶对他处处刁难、肆意打击。居维叶也是一位在科学史上值得重点记叙的科学家，而他的伯乐就是拉马克。拉马克发现居维叶在学术研究上有着过人的天赋，于是便利用自己在科学界的影响，大力举荐了他。但是事情的发展却出乎拉马克的意料，居维叶竟是一位典型的宗教分子，他反对一切有关进化思想的人和事。他对拉马克进行了无情的批驳和打击，拉马克全都默默地承受了。居维叶在学术上的倒退和人品上的失败却赢得了教会的认可和支持，教会很欣赏居维叶的做法，他们认为这是对宗教思想的热爱和信仰，居维叶可以为了心中的信念，对有知遇之恩的老师——拉马克做到大义灭亲，说明居维叶是一个值得教会信赖的人。随后教会便开始对拉马克进行打击和压迫，但是这一切并不能阻止拉马克对进化真理的继续追寻。

可以说，在拉马克的一生中，最令他痛心的事情莫过于发现、挖掘和提拔了居维叶。居维叶是灾变论的创始人，是典型的宗教拥趸。我们姑且相信他对拉马克的攻击，并非出于个人情感的痛恨，而是来自学术上的分歧。居维叶坚持物种是不变的，反对一切与进化观念有关的学说。他提出了自己的理论——灾变论:世界经历了多次大的灾难,比如洪水。大规模的洪水将世界上的一切生物都毁灭了。在毁灭了所有的生物之后,造物主又会创造出新的生命。他的观点像是进化学说与宗教学说的结合体。自然界确实发生过很多次大范围的灾难,包括导致了恐龙灭绝的大灾难。灾变事件的存在是可信的,但是居维叶认为灾难之后,是造物主创造了新的生命,这就又回到了唯心主义的观点上。由于灾变论的观点与宗教思想不谋而合,因此深受教会的推崇。

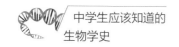

我们应该辩证地、一分为二地来看待居维叶,他其实是一个矛盾综合体。作为一名杰出的科学家,他在比较解剖学上的成就很高。他曾经利用系统性和类比性的原则提出了一套完整的动物学分类原则,他把动物界分为四个门类:脊椎动物门、软体动物门、节肢动物门和辐射动物门。这种分类方法是在比较解剖学的基础上发展起来的,更加符合动物之间的亲缘关系。本来沿着这一理论脉络继续前行,居维叶很快便会进入进化论的殿堂,但是他受宗教思想的影响过大,痛恨那些有着进化思想的学者,哪怕是自己的引路人——拉马克。这也反映出,在进化论诞生的前夕,各种理论的交织、对立,宗教思维的禁锢,深深地影响了一大批科学家。

在对学术生涯的追寻中,拉马克展现出了清晰的条理、缜密的思维。他一针见血地指出了宗教思想中神造人的问题所在,让中世纪神学笼罩下的科学界看到了一线真理的曙光。

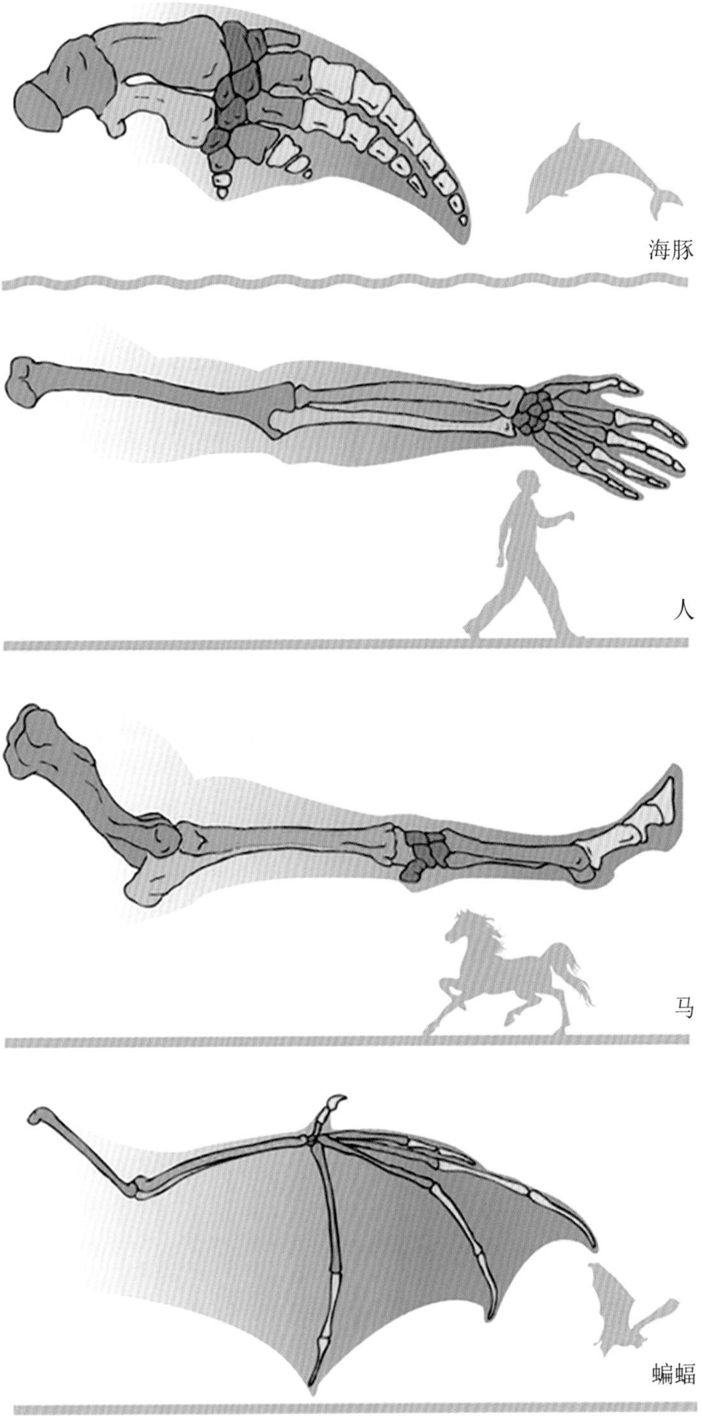

部分哺乳动物的前肢骨骼进化关联

第5章 居维叶灾变论与赖尔地质渐变论

——进化论发表前夜的思想交织

在进化论发表的前夜，社会上充斥着各种思想，如同黎明前的黑暗，各种理论陆续登场。例如，德国魏尔纳的水成论、英国郝登的火成论、法国居维叶的灾变论、英国赖尔的地质渐变论……其中，居维叶的灾变论和赖尔的地质渐变论最具影响。

5.1 居维叶和他的灾变论

灾变论是地质学史上的一个重要理论。灾变论并不是居维叶首先提出来的，在他之前已经出现了很多不同种类的灾变论。

居维叶(1769—1832)是法国著名的博物学家，他是介于拉马克和达尔文之间的一位划时代的人物。作为拉马克的学生，居维叶却和自己的老师有着不可调和的观点之争。

居维叶的理论其实并不新鲜，17～18世纪涌现出的大量灾变假说为他的理论奠定了基础。当时法国有一位著名的学者邦尼特，他提出了一个观点:世界会发生周期性的大灾难,每次灾难都会毁掉地球上存在的一切生物,然后又会重新创造出比之前更为高级的生物。他甚至还预言,在未来的某一次灾变后,在猴子和大象中会出现一个培罗,在海狸中会出现一个牛顿或者莱布尼茨。这是典型的灾变学说。

居维叶

这种观点现在看来匪夷所思,但是在那个年代,却有着广泛的市场,普通民众对此深信不疑。可以说,灾变论有着很深的群众基础。

在此背景下,居维叶提出了他的灾变论,他的灾变论在当时看起来是很先进的,与他人的凭空臆测不同,他的理论是建立在大量观察材料基础之上的。

我们冷静、客观地分析居维叶的灾变理论,可以发现其中既有合理的成分，也存在很多唯心的内容。居维叶根据自己多年对古生物化石、岩层性质以及地质构造的观察，用翔实的证据证明了地球表面曾经发生过多次剧烈的变化。他在《地球理论的随笔》一书中阐述了他的这一观点：很多地层都曾经发生过隆起、断裂和颠覆。他的这种说法是正确的，在现在看来这就是地壳运动。

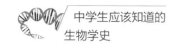

但是居维叶坚信物种是不变的，反对一切含有进化观念的学说，坚持与一切在学术上存在分歧的人划清界限。因为没有发现进化过程中的中间环节，他坚信拉马克的观点是错误的。我们可以相信居维叶是从学术的角度对拉马克进行攻击，因为他已经完全沉浸在自己的理论当中！

现在，有很多人将居维叶的理论完全等同于神创论，这也是不正确的。我们应当秉持着科学的认知精神、批判精神和扬弃精神来看待他，居维叶的灾变论是包含着进化思想的，但是他却刻板地认定进化的动力主要来源于灾变！

5.2 赖尔的地质渐变论

赖尔的地质渐变论也有着重要的影响。赖尔是一位坚定的进化论拥护者，他在对火山的研究中发现，地质的变化是渐变的，是长时间累积的过程，是经过上亿年自然力的作用才逐步形成的。他的著作——《地质学原理》多次再版，他以优美的笔调将进化思想广泛传播，为进化论的诞生奠定了坚实的基础。

赖尔（1797—1875）是英国著名的地质学家，是与达尔文同时代的科学家。他在进化思想上的成就不比达尔文，但是他在地质学上的成就却远超同时代的大多数人。恩格斯在《自然辩证法》导言中曾经这样评价他："是赖尔第一次把理性带入到地质学中，因为他以地球的缓慢的变化这样一种渐进作用，代替了由于造物主的一时兴起所引发的突然革命。"

赖尔

赖尔出生于苏格兰福法尔郡金诺地村，17 岁时进入大学学习，并且痴迷于考察地质和采集化石，他在学校里参加了地质考察组，到处参观考察。经过大量的考察实践，他对地质学产生了浓厚的兴趣。

凑巧的是，赖尔与灾变论以及火成论都有很深的渊源。赖尔的老师巴克兰德是一位忠实的灾变论拥趸，他对居维叶有着极强的个人崇拜，因此在讲课中掺杂了大量的个人情感，但是赖尔却不为所动，他在自己的著作中表达了对于灾变说反对者的同情。他不可避免地与老师产生学术分歧。

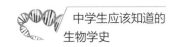

赖尔最喜欢的一本著作是普雷菲尔整理的《郝登关于地球的理论》,郝登是火成论的创立者。火成论的主要观点是:花岗岩的矿物晶体结构不可能是水中沉淀的产物,而是岩浆冷却后的结晶物;花岗岩脉与其他层状岩石的穿插切割关系,也说明它不是沉积的而是地下岩浆活动的结果。赖尔对这种朴素唯物主义观念有着发自内心的强烈认同感。

19世纪20年代,赖尔开始了他的地质考察之旅,他的足迹遍布英国、法国、瑞士、意大利、德国等地。这次考察他有着一项重要使命,就是为自己的著作——《地质学原理》寻找实际物证。在考察过程中,他有幸结识了拉马克、居维叶、洪保德等著名的自然科学家,与他们进行了深入的交流,但是这些交流并没有影响赖尔坚定的地质渐变论思想。

1827年,在古生物学家曼特尔的推荐下,他拜读了拉马克的著作《动物学哲学》,虽然他当时还没有形成完整的进化思想,对拉马克的进化思想也未必认同,但是拉马克的进化思想对于赖尔渐变论思想的形成与完善还是产生了潜移默化的影响。

赖尔在《地质学原理》的写作过程中,逐步表达出将地质现象归结于自然本身"水"和"火"的共同作用,而且地球在发展过程中是渐变的思想。这一观点的抛出在当时引来了极大的争议和不满。1829年,赖尔在伦敦地质学会上宣读了自己与他人合作的论文《论河谷冲蚀——对法国中部火山岩的说明》,赖尔的老师巴克兰德对此进行了激烈的反驳,师生之间为此闹得非常不愉快,但是科学上的争论与观点的捍卫,并不存在学生一定要服从老师的道理,如同亚里士多德所说的"吾爱吾师,但吾更爱真理"。

从1830年至1833年，赖尔写作并出版了《地质学原理》前三卷，1837年，赖尔出版了《地质学原理》第四卷，向灾变论发起了最后的挑战。

赖尔认为灾变论的最大问题在于：它将时间维度缩短了，将几百万年的发展时间误以为只有几百年……除了承认自然界中存在一次重大的灾变之外，它不包含任何有价值的理论。

地质岩层

赖尔认为人类是从其他生物进化而来的，他还认为地球在进行着持续不断的缓慢变化。赖尔对于地质学的分析和研究，客观上对于新生代地层的发展以及研究人类的起源和发展有着重要的理论意义。

作为一名实证主义者，他用地质学的证据为进化学说的传播奠定了基础。在他去世的前三年，已经75岁高龄的赖尔仍不断地外出考察法国的洞穴。客观地说，赖尔的地质渐变论也存在着一定的缺陷。对于自然界来说，我们既可以看到缓慢的渐变的进化过程，也可以看到剧烈的环境变化，比如火山爆发、海啸、地震、小行星的撞击……关于恐龙灭绝，也许我们无法给出具体定论，但是可以肯定的是，当时的环境一定发生了剧烈的变化。

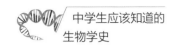

第6章 达尔文与华莱士的进化论
——进化学说双雄

提起进化论，我们会在第一时间想到一个人，他就是达尔文。达尔文（1809—1882）出生于名门世家，祖父是一位赫赫有名的医生和博物学家，父亲继承了祖父的衣钵，成为了一名医生，母亲也是科学团体的成员。这样浓厚的家学氛围却没有让达尔文对科学产生浓厚的兴趣，他反而成为别人眼里的一个不学无术的纨绔子弟。

达尔文对学习一直兴趣寥寥，整天浑浑噩噩地过着日子。他的父亲看在眼里，急在心里，担心这样下去，家族里优良的科学传统就会在达尔文手中中断。于是达尔文的父亲开始四处给他联系能够外出的科学活动，希望通过参加多样的活动来提高他的学习兴趣。

6.1 达尔文、华莱士与《物种起源》

1831年，达尔文22岁，他迎来了自己的人生转折点。在多方努力下，他以博物学家的身份登上了“贝格尔号”考察船，开始了长达5年

达尔文

的南美东海岸科考和地图绘制工作。在工作中，达尔文搜集了大量的实物资料。在别人休息时，他也没闲着，开始阅读拉马克和赖尔的著作，先驱们的物种进化思想逐步占据了他的头脑。达尔文开始尝试利用自己搜集的物证去验证这个尚处于雏形的假说，同时他也在思考，是否可以利用手头的资料建立起全新的进化理论呢？

神创论认为每一个物种都是由上帝亲自创造出来的。达尔文在厄瓜多尔西岸的加拉帕戈斯群岛发现了大量的海龟和地雀，而这些海龟和地雀都存在着或多或少的差异。比如，各个岛屿上的地雀在体形、颜色、食性、鸟喙上都有着各自的特点。这是神创论无论如何也解释不了的——上帝怎么会有时间不厌其烦地创造出这么多各有特色而又属于同一种类的生物呢？唯一的解释就是生物是逐步进化而来的！

地雀

对达尔文产生深深影响的还有各种自然形态的变化。例如，他在智利安第斯山海拔 3657 米处发现了大量海蛤类动物的化石，这便证明了现在的山顶曾经是海底，说明地形也是逐步变化的，经历了沧海桑田的变迁。同时，这也印证了赖尔地质渐变学说的正确性。通过发现这些化石，达尔文对神创论充满了质疑与不屑，更加坚信进化论的观点。

科考回来后，达尔文开始着手写作。他将自己关于物种进化的观点和在考察途中搜集的物证资料结合在一起，用事实来论证自己的理论。1859 年 11 月 24 日，他的划时代巨著《物种起源》出版了。在书中，他用大量翔实的证据论证了生物在不断进化、物种是渐变的观点。达尔文认为，自然界可以在相对较长的时间里，通过自然选择挑选出与自然环境相适应的物种。这也就是我们现在常说的"物竞天择，适者生存"。

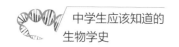

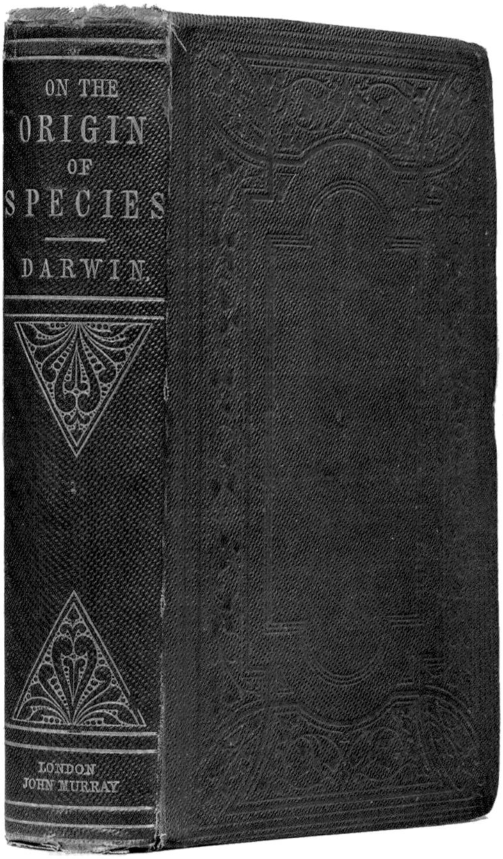

《物种起源》

在历史的长河中，由于普遍存在的光环效应，让我们有时无法全面地了解科学家们的贡献，进化论的发展史便是如此。

实际上，进化论的发现应该是两位科学家共同的贡献，这一理论是由两位科学家分别独立提出的。除了达尔文，还有一位叫华莱士的青年生物学家，他是英国的博物学家、探险家、地理学家、人类学家和生物学家。他在《物种起源》出版的前一年——1858年，曾给达尔文寄去一篇论文——《论变种无限地离开其原始模式的倾向》。在这篇论文中，华莱士详细阐述了物种进化和自然选择的原理，可以说华莱士已经先于达尔文系统地提出了进化论的雏形。

华莱士的经历和达尔文有着诸多相似的地方，他曾经在马来半岛和印度尼西亚群岛考察过。在考察过程中，他通过对大量的化石证据和物种形态学方面的证据进行研究，发现物种是逐渐进化的这一事实。在拉马克和赖尔进化思想以及马尔萨斯《人口论》的影响下，华莱士独立地提出了一整套的进化理论。这可以说是世界上第一套完整的进化理论，在他完成整篇论文的时候，达尔文的著作尚未完成。

这一年华莱士 35 岁，在科学界还是个晚辈，他为了能让科学界了解并且认可他的观点，便把文章寄给了当时已经小有名气、年过半百的达尔文。面对华莱士寄来的论文，达尔文震惊了，这么相似的观点、这么熟悉的表达、这么相近的内容！惊讶之余，达尔文甚至想放弃自己后续的写作，因为华莱士的很多观点和自己的观点不谋而合，并且已整理成文章寄给了自己。在这种情况下，赖尔主持了公道，他对达尔文的工作有所了解，不愿意让达尔文多年来的辛苦劳作化为乌有，同时他也不愿意埋没年轻人的思想和才华，他主张将华莱士的论文和达尔文的提纲共同发表，这一两全其美的方法让达尔文挽回了时间。

1859 年，达尔文的《物种起源》正式出版，奠定了他进化论之父的地位。虽然《物种起源》中大量的例证和丰富的资料，让我们忽视了华莱士作为开创者的贡献。但是秉持着严谨的科学态度，华莱士的贡献不应该被忽视，他的工作依然是开创性的，我们应当承认进化论是他们两人共同创立的，应该为华莱士正名。

在科学史上，有很多人指责达尔文，甚至有人认为达尔文剽窃了华莱士的观点。对于这些我们并不认同，华莱士虽早于达尔文提出进化论的观点，但是他的观点并未形成完整的进化论理论体系，达尔文在长达 5 年的旅行考察过程中，收集了大量的化石证据，记录了更加翔实的物种演变资料，这些都是华莱士所缺少的，达尔文的各种文章、旅行笔记等也证明了这一事实。

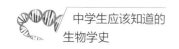

无论有着怎样的争论，他们两个人对进化理论的贡献都是不可磨灭的！

6.2 达尔文背后的绘画大师海克尔

海克尔的伟大之处并不在于他对生态学的贡献，而在于他对进化论的传播起到了至关重要的作用。

作为进化论最有力的传播者，达尔文、海克尔与赫胥黎成为进化论最忠实的拥趸！

1859 年《物种起源》出版后，并不像我们想象的那样，在整个欧洲大陆迅速掀起一股进化论的热潮。恰恰相反，《物种起源》在德国等地都受到了冷遇，没有取得预期的关注。

达尔文非常焦急！就在这时候，他遇到了海克尔。海克尔(1834—1919)是德国著名的生物学家、博物学家、哲学家。此外，还应为他加上美术家的头衔，海克尔在绘画方面的成就有效地促进了《物种起源》的快速传播。

1866 年，达尔文和海克尔第一次见面，此时海克尔 32 岁，是一个不折不扣的毛头小伙子，而达尔文已经 57 岁，在学术界已经有了一定的声望。达尔文和海克尔一见如故，在谈论如何快速地传播进化论时，海克尔认为仅仅用文字来表述这种深奥的进化论观点很难直观地打动别人，不如用图画表达来得更加直接。

海克尔承担了将文字转化为图画的重任，他绘制的图画精美，细

海克尔

节处栩栩如生。不同于其他的平面绘画，海克尔从多个角度将这些图画绘制得栩栩如生，甚至可以媲美现今的 3D 视图。他的很多作品都被教科书采用，成为经典之作，至今难以超越。

1866 年，海克尔在《生物体普通形态学》中继续盖根鲍尔把生物物种分类为进化树的工作。他运用形态学和生物学知识，大胆地绘制出第一株“进化树”。他根据生物体间亲缘关系的远近，把各类生物安置在有分支的树状图表当中，以植物界、原生生物界、动物界划分出所有生物的谱系，据此说明各个不同属和种的遗传路线。达尔文既高兴海克尔在进化论普及方面做出了巨大的贡献，同时对于海克尔学术上的冒进，也表示了隐隐的担忧。

1866 年海克尔赴英国会见了达尔文、赫胥黎和莱伊尔。他们讨论了《生物体普通形态学》英文版的出版事宜,却未能达成一致。直到1868年,达尔文在致海克尔的信件中,还含蓄地表达了他对《生物体普通形态学》的看法:"为了计划翻译您那本伟大的著作……这个消息令我感到由衷的喜悦……赫胥黎告诉我,您同意删去和压缩某些部分,我深信这样做是高明的……我确实相信,每本书在压缩以后几乎都可以得到改进。""您的大胆有时令我发抖,但是正如赫胥黎所说,一个人必须有足够的胆量才行。虽然您完全承认地质记录是不完整的,但赫胥黎和我还是一致认为,有时您是颇为轻率的。"

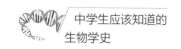

6.3　海克尔与他的重演律

在绘画过程中,海克尔有时候为了一味地追求所谓的效果,可能在其中掺入了少量的个人主观臆断。其中最有代表性的一件事情就是海克尔提出了重演律假说,并创作了一幅关于重演律的绘画作品。

海克尔并没有在严格的事实和实验基础上提出这一假说,他在1872年首次使用"生物发生律"这一名称,并且对生物重演律做了进一步解释:个体发育就是系统发育的短暂而又迅速的重演,这是由遗传(生殖)和适应(营养)的生理功能所决定的。

刚开始的时候,海克尔的重演律仅仅对动物胚胎发育过程进行考察,但是后来他却将这一定律上升为一切生物发育研究的最高规律。海克尔仅根据高等动物的胚胎与低等动物成体是相似的,就得出这一结论,似乎显得过于草率。海克尔在追求展现模式的同时,模糊了科普与科研的界限,牺牲了对具体标本的忠实程度,转而追求绘画的展现效果,这也成为他后来被许多人诟病的主要原因。

科学假说迟早要接受事实的检验。随着研究工作的深入，海克尔的重演律受到了巨大的冲击。德国细胞学家 O. Hertwig 曾经指出，一个变形虫与多细胞有机体的卵，除了“细胞”的概念之外，彼此间还存在很多不同的地方。瑞士解剖学家 W. His 认为，胚胎的发育过程并不能再现该物种的演化历程。美国遗传学家摩尔根也对这一理论提出质疑，他认为现存的十足类的水蚤幼体并非是原先设想的十足类的祖先。

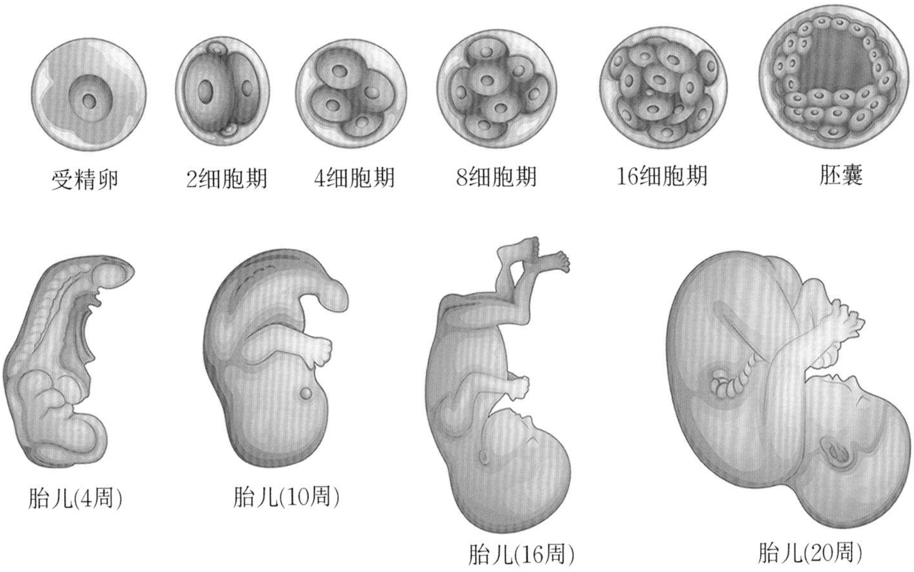

人类胚胎和胎儿发育

海克尔的绘画造诣在客观上促进了达尔文进化论的传播。一个学说从提出到随后的发展再到最终被公众接受，其中的困难是非常巨大的，有大量的幕后英雄。虽然我们现在可以从科学的角度去评判他们的功过，但是更应该在当时的历史条件下分析和思考他们的成就，以及学习他们对科学精神的执着！

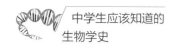

6.4　达尔文也解决不了的难题

进化论的提出无疑是科学史上一件举足轻重的大事，但是在进化论提出伊始，达尔文便遇到了前所未有的挑战。

第一个难题是热力学之父物理学家开尔文提出的，关于地球年龄的测算。根据开尔文从热力学角度进行的计算，地球的年龄只有1000万年。这样的时间长度，对于进化论来说，无疑是白驹过隙，大自然几乎不可能在这么短的时间内完成物种的自然选择。面对这样的质疑，达尔文无法给出合理解释。

第二个难题来自工程师詹金。他提出，新的、小的变异都会在与个体的正常交配中被完全淹没，即自然选择产生的微小变异都会在大量个体的交配中被忽视。简单来说，就是父母所具有或产生的优势，可能在子孙辈中体现不出来。

面对这两个问题，达尔文无法给出令人信服的回答，这也使他陷入深深的痛苦与迷茫之中。

其实疑问是科学不断进步与发展的最有效的催化剂。现在我们再去琢磨这两个问题，已经没有任何困惑。比如第一个用热力学方法计算地球年龄的问题，开尔文在计算中忽略了地球内部的热量，所以他计算出的结果远远小于地球的实际年龄。第二个关于微小变异在正常交配中被淹没的问题，这需要运用孟德尔的遗传学理论才能够详细地解释。

达尔文和孟德尔作为同一时代的伟大科学家，他们本可能碰撞出科学的火花，达尔文也曾有机会阅读到能解开他心结的孟德尔的遗传学论文，但是一切就是这么遗憾地错过了，可以说“无遗憾，不历史”。

第7章 木村资生的中性进化学说

——"生物进化"应该更名

在达尔文的晚年，进化论的思想已经被民众完全接受。大家逐渐地摒弃了原来的神创论，开始接受"物竞天择，适者生存"的进化学说。但是随着时间的推移，19世纪中叶达尔文提出的进化论，受到了来自多方的挑战。

7.1 综合进化学说

首先对达尔文进化论学说进行完善的是综合进化学说。它对之前不完善的地方进行了系统的修改。

首先，综合进化学说最大的特点是融合了孟德尔的遗传学理论，解决了达尔文时代不能解释的微小变异是否可以遗传的问题。它从基因的角度，深入地解释了为什么有的性状可以传递给子代，而有些性状却无法遗传。它还对达尔文的错误观念——获得性遗传，进行了批判。

其次，综合进化学说还弥补了之前进化论的不足。比如，达尔文认为个体是进化的主体，但是综合进化学说则认为种群才是进化的主体。个体的数量太小，无法保证将性状稳定地遗传下去，但是种群的大数量优势可以起到稳定遗传性状的作用。

进化

可以看出，综合进化学说基本上结合了孟德尔的经典遗传学与摩尔根的遗传理论。没有遗传学的发展，就很难从本质上解释生物进化的原理与规则，更无法让我们理解大自然中存在的“掌控之手”。

企鹅种群

企鹅个体

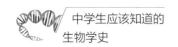

20世纪中叶，进化论仍在持续地发展和完善着，没有遭遇到大的挑战。1953年，伴随着沃森和克里克发现了DNA双螺旋结构，人类一跃跨入了分子生物学时代，这促使人们重新去审视之前的各种理论，进化论也不例外。科学工作者开始尝试着从分子进化的角度对生物学进行重新解读。

7.2 中性进化学说

1968年，日本生物学家木村资生提出了进化的中性理论，这对进化论来说近乎是一项颠覆性的挑战。

1924年11月13日，木村资生生于日本爱知县冈崎的一个小商人家庭，是家中的长子。父亲给他买了一台显微镜，从此，观察显微镜下的大千世界成为他每天的功课。他对植物学和数学尤为喜爱。1942年，木村资生考入名古屋第八国立高等学校，他的指导老师是植物形态学教授熊泽正夫，木村资生学习了大量关于遗传学的课程，与此同时，他还读了一些希腊哲学家们关于自然哲学的著作，全盘接受了“自然现象可以通过纯思维加以描述”的哲学观点。

在用氨基酸替换速度来推算哺乳动物基因组的碱基替换速度时，木村资生惊奇地发现，从整个基因组看，碱基替换大约每两年发生一次，而霍尔丹根据自然选择代价概念得出，每发生一次突变替换需要约300个世代。两者相差上百倍，因此需要一个合理的解释。

他依据核苷酸和氨基酸的置换速度，提出了分子进化的中性选择学说：多数或者绝大多数的突变都是中性的，没有有利或者不利的区别，因此这些中性突变不会发生自然选择和适者生存的情况。生物的进化主要是中性突变在自然群体中进行着随机的“遗传漂变”的结果，而与选择无关。这一学说的提出对达尔文的进化论来说是一次极大的冲击。

中性突变学说现在已经基本得到学术界的认可，包括同义突变、非功能突变、不改变功能的突变等。这些突变并不受自然选择的限制，因此对物种的进化没有太多的影响，真正起作用的是遗传漂变。简单来说，当一部分小群体从一个大的种群中分离出来，同时它们之间并不发生生殖关系，即两个种群处于生殖隔离的状态时，遗传漂变就有可能发生。实际上，中性突变的概念也在不断发展变化。可以说突变在绝大多数情况下是中性的，但是伴随着环境的改变，有些中性的突变也有可能发展成有害突变，因此突变的本质就发生了改变，就会对生物的进化和选择产生深远的影响。从这个角度看，中性突变学说也可以被看成是对生物进化论的有力补充。

7.3 是“生物演化”，而不是“生物进化”

客观上说，由于生物的进化来源于突变，而突变很多都是中性的，所以用“生物进化”这个词就显得不那么确切，用“生物演化”可能会更加准确一些。

除了来自中性突变学说的挑战之外，新化石的不断发现也对进化论物种渐变的理论提出了挑战。按照进化论的说法，经过漫长的历史演变，各个时期的动植物演变过程都应该能够在不同时期的岩石地层中找到对应的化石证据。但是令人费解的是，进化链条中的化石证据却大多是缺失的。最典型的例子是始祖鸟，我们可以看出始祖鸟既有鸟类的特征，又有爬行动物的特征。这个事实也许可以用来佐证鸟类来自爬行动物，但是在始祖鸟和爬行动物之间以及始祖鸟和鸟类之间，尚未发现任何中间形态的生物化石存在，这让坚定的渐变论者开始动摇了。这些问题从化石的角度来说尚未得到完美解决，那么物种究竟会不会有跳跃式的发展变化呢？

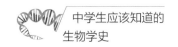

卡通始祖鸟

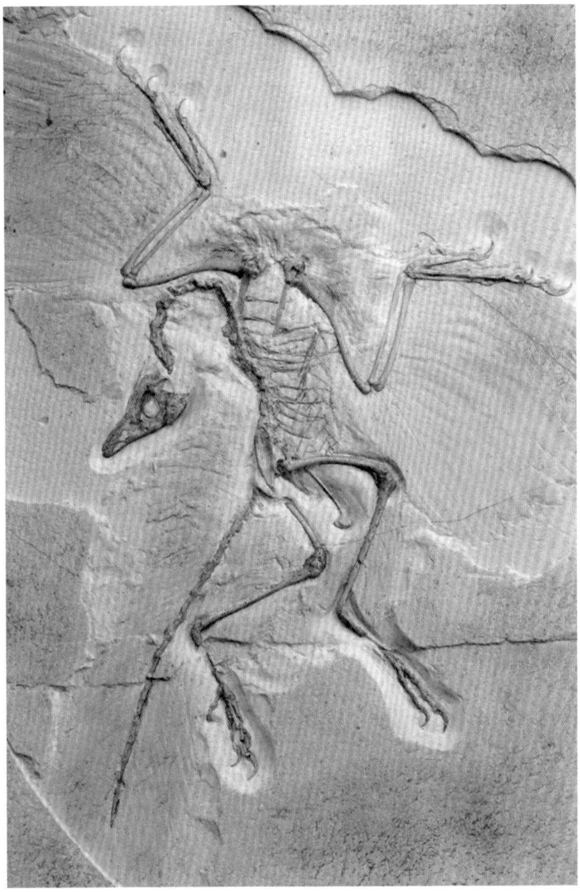

始祖鸟化石

现实中有很多能够佐证物种发生了跳跃式变化的例子。从物种的数量上来看，现存的物种数量只有物种最丰富时期总数的十万分之一到千分之一，绝大多数的物种都已经灭亡了，比如我们耳熟能详的恐龙。在二叠纪的一次物种大灭绝中，有超过半数的物种灭亡。因此，物种的灭绝可以被看成是一种对渐变论的有力驳斥。这种灭亡的发生完全是突变式的，没有任何的铺垫就突然发生了，类似于居维叶的灾变论。

迄今为止，关于进化论的争论依然在继续进行，进化论也在逐步地发展和完善中。科学发展的历程中没有任何一种理论可以完

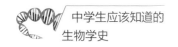

全做到毫无瑕疵，所有理论都是在质疑和驳斥中不断地发展、完善的。

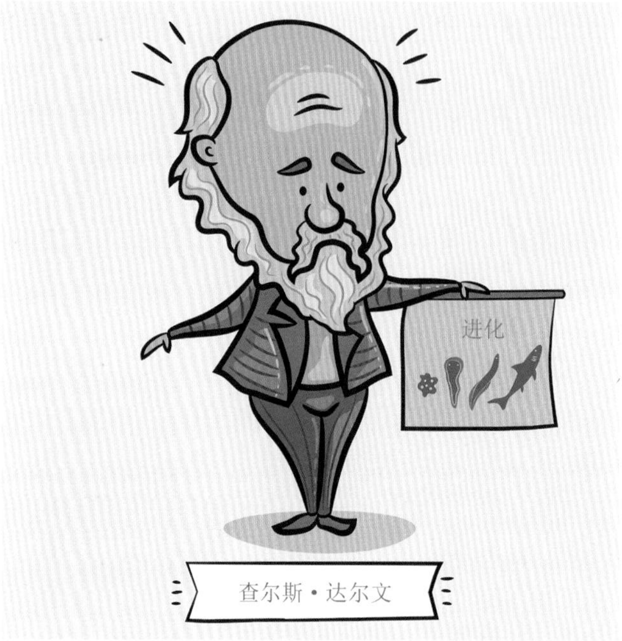

进化论究竟是对还是错

第8章 孟德尔的豌豆园
——经典遗传定律的发现

在有关生命本质的探索中，遗传是一个不能不提及的重要领域。人之所以成为人、鸟之所以成为鸟、猫之所以成为猫、树木之所以成为树木，正是因为遗传发挥了伟大作用，所以才确保了每一个物种的独有特征的稳定。

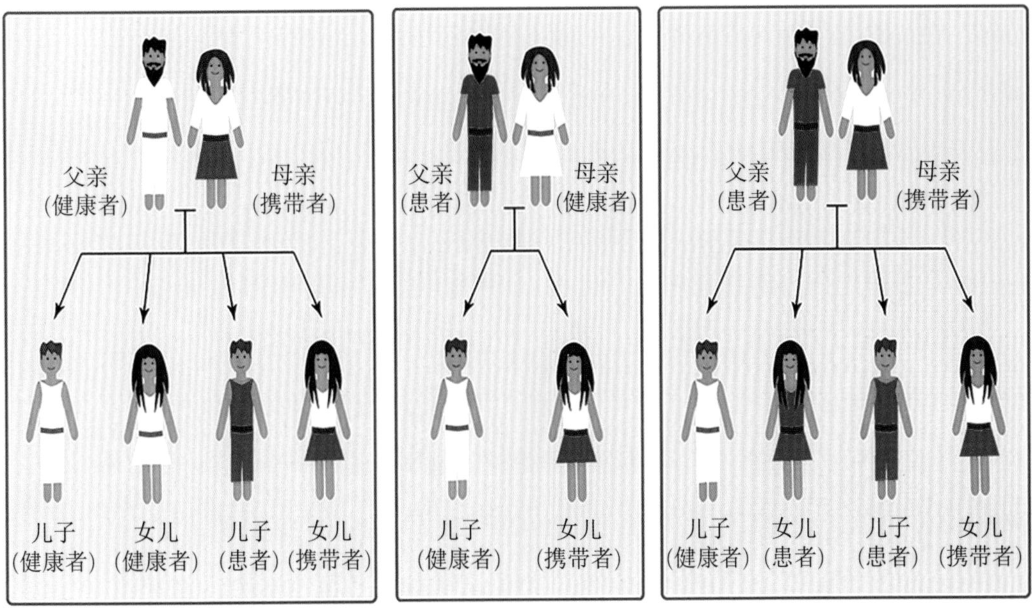

血友病的遗传机制

8.1 修道士的豌豆园

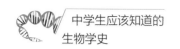

被称为进化论之父的达尔文,他的晚年是痛苦的,面对一些进化论学说不能解答的问题,他陷入了深深的困惑中。

达尔文的进化论当时面临的最主要问题来自遗传方面:自然选择的速度是很慢的,但是物种的变异却在持续不断地进行着,这就引发了疑问,那些有利的变异会不会未经历自然选择就已经消失了呢?比如父辈的一些有利于生存的优点,能不能在自己孩子的性状中体现出来呢?

当时流行着一种融合理论,这种错误的理论认为,产生变异的物种与未产生变异的物种在进行交配的过程中,已变异和未变异的性状会融合,并产生一种中间的状态。显然这种融合发生的速度,比自然选择要快很多,也说明自然选择对进化将不起任何作用。用简单的话语表示就是:亲代积累的一些优势,在经过交配融合后,这些优势会被冲淡,后辈将不一定再具有这些优良的性状。

这种理论乍一听是有一定道理的,而且在那个科学知识并不普及的年代,这种错误理论就显得更加有市场,毕竟连进化论的创始人达尔文都无法判断这个理论是否正确。达尔文陷入了深深的苦恼中,他无法面对和解释这个疑问,到了晚年,他甚至开始逐渐采纳拉马克错误的获得性遗传学说来修正自己提出的进化论。直到去世前,他都没能解决这个问题。然而他并不知道,在他去世前不久,小他 13 岁的修道士——遗传学的开创者孟德尔已经成功地用实验解决了这个难题。

历史跟达尔文开了一个不大不小的玩笑,达尔文其实有机会在去世前读到孟德尔的论文，但是世事弄人，达尔文带着深深的遗憾离开了人世。同样遗憾的是，孟德尔的工作也没有得到那个时代的认可，直到孟德尔去世后的第16个年头，他的成果才被重新发掘出来。

这两位生于19世纪初、卒于19世纪末的科学巨匠，都满怀着对科学的热爱、对真理的追求，却都带着遗憾离开了人世。这也许就是科学探索的艰难之处，它让我们感受到科学的征途上充满了曲折与坎坷，但是经过时间的洗礼，真理依旧会光彩熠熠！

孟德尔

1822年，孟德尔出生于一个贫苦的农民家庭，孟德尔6岁时就同姐姐一起去村里的小学读书。孟德尔从小就表现出对大自然的无限热爱。进入中学以后,虽然时时要依靠同学救济维持生活,但是孟德尔依然专注于学业,并形成了最朴素的遗传学思想。他经常和神甫进行交谈,他对自然界鸟儿会孵出小鸟、种豌豆会长出豌豆、下一代与上一代相似等现象表现出极大的兴趣。神甫告诉孟德尔这是由神的意志决定的,但是孟德尔的心里却并不认同这一说法。

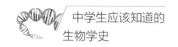

结束了短暂的大学生涯后,31 岁的孟德尔又回到了伯伦修道院。他担任伯伦高等技术学院的助教,开始教授物理学和生物学。

伯伦修道院里有伯伦市最大的植物园,占地足足有一英亩(约 4047 平方米)。这是孟德尔最喜欢驻足的地方,他经常在植物园里一待就是一天,仔细地研究每种植物的特性,也会在这里开展一些植物学实验。伯伦修道院的那卜主教十分器重他,任命孟德尔负责全院修道士的学习和教育工作,并且让他负责植物园的管理。当时的克拉塞神甫、奥里留斯神甫和萨勒神甫都是植物学的忠实爱好者,再加上器重孟德尔的萨勒神甫还是当时著名的植物学家,在这样天时、地利、人和都具备的环境下,孟德尔相信这里就是实践他个人想法的沃土。

孟德尔开始在这片沃土上书写自己的梦想,进行了后来被载入史册的豌豆遗传杂交实验。

除了天时、地利、人和的因素之外,孟德尔成功的关键还在于他选择了最为合适的实验材料——豌豆。如果没有选择豌豆作为实验材料的话,那么孟德尔至死也未必能发现遗传学的第一和第二定律。

实事求是地说,科学研究也需要机遇,机遇也是科学研究中的一项必要条件。能做出重要发现的人一定是有能力的人,但是有能力的人未必能有重要的发现。机遇是一个我们无法掌控,却时常能起到关键作用的不可忽视的因素。

在孟德尔的遗传学实验中,豌豆就是这个促进成功的最重要的

"机遇"。豌豆是一种严格自花授粉的植物。自花授粉是指同一个体的雄蕊花粉给同一个体的雌蕊授粉，并且这种授粉在开花之前就已经完成。这一特性保证了下一代植株一定是纯种的，避免了天然杂交带来的不确定性。

此外，仅有这些条件也是不行的，还必须要有另外一个重要因素，那就是较短的实验周期。如果选择哺乳动物，那么子代从母体孕育到出生要经历很长的时间，检测上下几代的性状情况往往需要几年甚至更长的时间，同时还要祈求自己的运气好，不会出现什么意外和纰漏。即便一切顺利的话也至少要耗费孟德尔十来年的时间，这在当时的情况下是不现实的。

选择豌豆作为实验材料正好巧妙地克服了这一缺点，豌豆的生长周期很短，只需要两个月左右，孟德尔很快就能够得到实验结果。此外，豌豆的花朵较大，便于进行人工授粉等操作，而且豌豆的性状在变异后差别大，易于观察。例如，花的颜色，有的是白色，有的是红色，有的是紫色；果实的外观，有的是圆滑的，有的是褶皱的。这些都可以通过肉眼直接分辨出来，不易出现统计上的误差，方便进行实验结果分析。

从1856年开始，孟德尔一直在伯伦修道院的豌豆实验地里忙碌着，他买来了具有不同性状的32种豌豆植株，对它们进行了一代又一代的筛选，以确保这些豌豆植株都是纯种的，因为只有纯种的豌豆才能保证实验结果的可靠性。最终孟德尔得到了22种性状能够稳定遗传的豌豆品种。

如何能够保证种植出来的豌豆是纯种的呢？该如何进行甄别和筛选呢？实际上，这种筛选很简单，只要将它们的子代不断地种植下去，如果后代始终没有出现性状的分离，就说明这种植株是纯种的，是适合作为实验母体的。

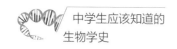

豌豆

8.2 难以捉摸的结果

实验在修道院的豌豆园里紧张地进行着，为了能够方便而又直观地得到实验结果，孟德尔采取了单因子分析法。什么是单因子分析法呢？就是在一个系统内，我们不考虑其他的因素，而是只考虑其中的一个性状。

豌豆的不同性状有很多，如有的花颜色是紫色的，有的花颜色是白色的；有的植株茎秆很长，有的植株茎秆很短；有的植株种皮是圆滑的，有的植株种皮是褶皱的；有的花位是腋生的，有的花位是顶生的……之前的研究都是将这些性状放在一起研究，根本看不出有任何的规律。因为其中包含了十几种性状，用简单的数学知识就可以知道，这就存在着“2”的十几次方种可能，这使得当时的科学家们根本无法用统计学的方法得出结论。

孟德尔摒弃了之前杂乱无章的计算方法，仅从十几种性状中选择了7对性状，并对每对性状进行单独分析，且不考虑其他性状的影响。比如他选择了开紫色花的豌豆和开白色花的豌豆进行杂交，忽略植株高矮等其他性状的差异，仅仅观察下一代豌豆花的颜色。

如果按照之前遗传因子融合的观点来推测，开紫色花的豌豆和开白色花的豌豆在一起杂交应该能够得到一批花色为粉红色的子一代，我们将这一代称为F1代。

令孟德尔感到意外的是，F1代，也就是杂交出来的子一代都呈现紫色的花色。为什么白色的花色基因在交配中被完全掩盖了呢？这中间究竟发生了什么，孟德尔无法解释这一问题。带着疑惑，孟德尔又将这些F1代继续自交种植下去，最后得到了929株第二代植株，我们将这一代称为F2代。这929株植株的花色又出现了变化，其中有705株呈现紫色，另外224株呈现白色，大致上符合统计学3∶1的比例。那么为何在F1代没有表现出的性状，在F2代中会表现出来呢？

孟德尔陷入了深深的困惑和沉思中，他无法解释豌豆在杂交繁殖过程中到底发生了什么样的重要变化，使得原本应该在第一代发生融合的性状并没有发生，却又在第二代中出现了性状分离的现象。

孟德尔没有办法解释这个现象，他尝试着从书本中寻求答案，但他在书本中根本找寻不到任何相关的资料。当时的孟德尔并不清楚，他做的事情，已经走在了遗传学的最前沿，根本无法找到任何可以参考和借鉴的资料。

一个偶然的机会，孟德尔了解到了英国化学家道尔顿的原子学说。道尔顿在学说中提出世界上的万物都是由原子构成的，原子是稳定不可分割的。孟德尔灵光一闪，或许在植物体中也存在这样的不可分割的遗传因子。

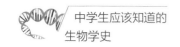

我们可以这样来解释孟德尔的思考。如果我们用“AA”来代表紫色的豌豆花基因型，用“aa”来代表白色的豌豆花基因型，那么 F1 代的豌豆花基因型就是“Aa”，因为作为父本的紫色豌豆提供了一个“A”基因，作为母本的白色豌豆提供了一个“a”基因，所以结合后的子代就全部是“Aa”基因型。而只要遗传基因中有一个“A”，那么豌豆花就会呈现出紫色。换句话说，紫色的基因强大到可以覆盖白色的基因。这样就可以清楚地解释为什么 F1 代的花都呈现紫色。

孟德尔在完成实验之后，在实验记录上写下了遗传学史上最关键的几句话：“两种遗传因子在杂合的状态下，能够保持相对的独立性，不相沾染，不相混合。在形成配子时，两者分离，又按照原样不受影响地分配到不同的配子中去，组成新的合子。在新的合子中，原来的遗传因子又能保持原样。”

这是遗传学上的第一条定律——分离定律，为了纪念孟德尔作为原创者的贡献，学术界又把这一定律称为孟德尔遗传第一定律。

在第一定律阐述完成之后，孟德尔开始思索用这种理论是不是能够解释 F2 代出现的性状分离的现象。

让我们来仔细分析一下 F2 代的基因情况。如果 F1 代的基因型都是“Aa”，那么由它们进行杂交产生 F2 代，父本和母本的基因型都是“Aa”，就会各自产生两种不同的配子“A”和“a”。两种配子都能独立地进行自由组合，这样就会产生“AA”“Aa”“aa”三种基因型，而且数量上遵循 1∶2∶1 的规律，基因中含有“A”的植株就会开出紫色的花，而只有“aa”基因型的植株才能开出白色的花，这正好印证了开出紫色花朵植株和开出白色花朵植株在数量上呈 3∶1 的关系。因此我们将控制紫色花色性状的基因“A”确定为显性基因，将控制白色花色性状的基因“a”确定为隐性基因。“AA”基因型或者“aa”基因型都被称为纯合体，“AA”被称为显性纯合体，“aa”被称为隐性纯合体。含有“Aa”基因型的个体就相应地被称为杂合体。

为了进一步验证自己的理论，孟德尔设计了稍微复杂一点的实验，他把两种相对的性状组合在一起，试图分析两种性状在一起杂交会不会同样遵循分离定律。

孟德尔选取了两个不同的相对性状：一种性状是子实的颜色，分别为黄色和绿色；另一种性状是子实的形状，分别为圆滑和褶皱。他用“A”来表示子实圆滑的性状，用“a”表示子实褶皱的性状，用“B”表示黄色的子实，用“b”表示绿色的子实。

先将黄色圆滑“AABB”和绿色褶皱“aabb”的纯合体植株选择出来。如何实现这一目的呢？以表观是黄色圆滑的性状为例，孟德尔选择出黄色圆滑的植株，让这些植株不断地自交，产生下一代，下一代再继续自交。如果其后代始终不发生性状分离，所有的子代都是黄色圆滑的植株，那就说明这个植株可以用来作为实验的母本。这种植株只能产生一种配子，那就是“AB”，无论如何自交，产生的子代基因型都是“AABB”。

孟德尔用黄色圆滑“AABB”和绿色褶皱“aabb”进行杂交，得到的F1代种子都是杂合型的黄色圆滑“AaBb”。

他再用F1代种子进行自交，父本和母本都可以产生4种不同类型的配子——“AB、Ab、aB、ab”。F1代在一起交配就会产生16种组合：1种“AABB”、2种“AABb”、4种“AaBb”、1种“AAbb”、2种“Aabb”、2种“AaBB”、1种“aaBB”、2种“aaBb”、1种“aabb”。如果按照只要有“A”基因就会显示圆滑，只要有“B”基因就会显示黄色来分类，圆滑黄色的子实、圆滑绿色的子实、褶皱黄色的子实和褶皱绿色的子实应该满足9∶3∶3∶1的比例。孟德尔统计了F2代的植株类型，发现产生黄色圆滑子实的植株有315株，产生黄色褶皱子实的植株有

101 株，产生绿色圆滑子实的植株有 108 株，产生绿色褶皱子实的植株有 32 株，正好与统计学计算出的 9∶3∶3∶1 的比例相吻合，完全符合预期的结果。孟德尔激动地跳了起来，他终于发现了隐藏在植物中的遗传规律。当时的他顾不上时间已经是后半夜了，立刻去与那卜主教和克拉塞神甫分享自己的新发现。

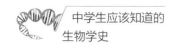

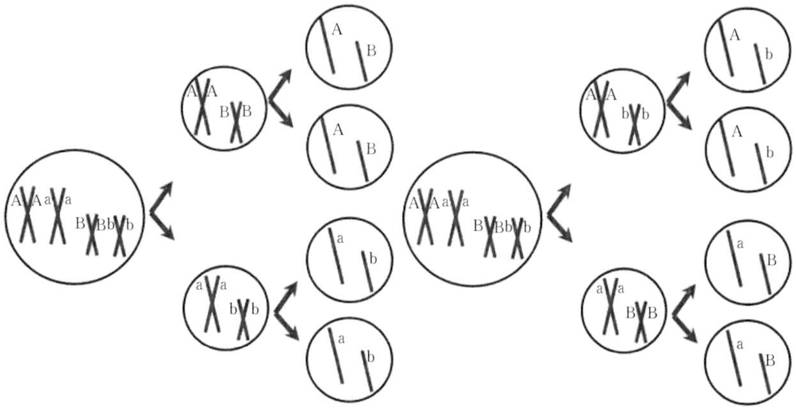

(a)

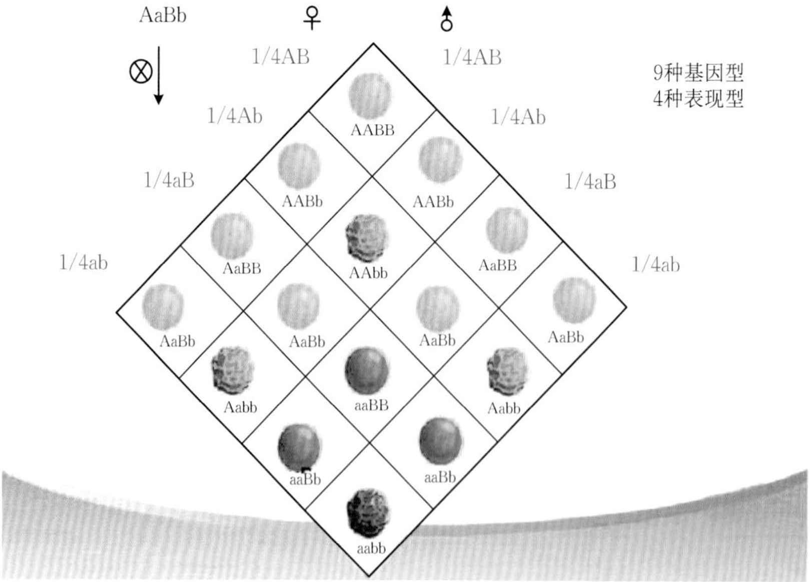

(b)

自由组合定律

为了验证自己的学说，孟德尔又进行了三对遗传性状的实验，结果发现，在性状的分离比例上也符合 27∶9∶9∶9∶3∶3∶3∶1 的比例，简单来说就是满足$(3:1)^N$ 的比例，N 代表了相对性状的对数。至此，孟德尔彻底打开了遗传学的大门。

1864 年，在遗传学第一定律被发现后的第九年，孟德尔提出了他的第二定律，也就是遗传学中的自由组合定律："生物体的遗传因子在形成配子后，在雌雄配子组成合子时，是没有选择的、随机的、自由的。一对相对性状的雌雄配子的结合，也是无选择的、随机的、自由的。"至此，孟德尔成功地提出了遗传学中最重要的理论基石——分离定律和自由组合定律。

孟德尔的工作成功地弥补了达尔文学说中最难以解释的地方：那就是如何保证在生殖杂交中性状不被湮没的问题。遗憾的是，孟德尔的研究成果当时没有得到社会的认可，达尔文也没有机会读到孟德尔的论文。两位生物学历史上伟大的科学巨匠就这样擦肩而过。当然，历史不存在假设，这也正是科学的遗憾之美。

8.3 迟到 34 年的认可

经过多年的辛勤劳作和豌豆栽培，孟德尔进行了超过 350 次的人工授精，精心挑选了 10000 余颗各种性状的种子，终于完成了自己精心设计的实验。孟德尔依据实验，创造性地提出了分离定律和自由组合定律。孟德尔认为是时候公布自己的研究成果了，而且这一成果应该能够得到全社会的认可。

伯伦市的自然历史博物学会于 1865 年举行了一场大规模的科学

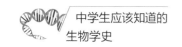

报告会，这场报告会颇有些像现在的学术论坛。会议组织者邀请了在自然科学和历史学上有贡献的人士前来做报告。孟德尔得知这一消息后，觉得这是一次向大众展示自己学术成果的极佳机会，于是他积极写信毛遂自荐。由于当时的孟德尔在学术界的知名度不高，学会的举办者对他并不热情。但孟德尔没有放弃，不断地给组织者写信，他坚信这是一个近距离接触学术大师，并且宣扬自己学术观点的极佳机会。

最终，学会的组织者被孟德尔的执着精神打动了，批准了他的申请，给了孟德尔一个在公共场合汇报自己学术成果的机会。他的报告被安排在第二天的最后一场，也是整个报告会的最后一场。

历史是如此的相似，一如当年达尔文提出进化论时所面对的艰难。即使孟德尔的理论可以被看成是进化论的有力补充，但是还未达到锦上添花的程度。在各种思想和利益的交织下，当时的社会丝毫不能容忍对进化论的质疑。

毫无悬念，孟德尔的观点虽然很新颖，却没有得到与会者的重视，甚至导致会场上一度产生了混乱，主持人要求孟德尔终止发言，并且斥责他的观点是荒谬的。孟德尔怀着满腔的怒火，坚持在会上宣读完自己的报告。

孟德尔预想，与会者在第一次接触“遗传因子”的概念时不一定能够理解。另外，口头叙述这么复杂的遗传定律，无法令与会者产生直观的感受，大家不能接受也是可以理解的。尽管孟德尔已经考虑了可能会面临的困难，但是让他没有想到的是，这些人不是不理解他的观点，而是完全不愿意去接受！

会后，孟德尔决定将自己的成果写成论文发表。1866 年初，他完成了论文《植物杂交实验》。这篇论文例证翔实、观点新颖、论证严密。同年秋天，孟德尔的论文在伯伦市的自然历史博物学会的会刊上刊登了，结果并没有像他期许的那样，在社会上引起巨大的轰动。

孟德尔觉得社会上的普通民众因为没有相关知识背景，所以不了解自己的工作。于是他计划把论文交给学术界的权威人士，让他们来为自己做个鉴定。孟德尔将论文邮寄给当时著名的植物学家耐格里，但令人意外的是，耐格里对他的研究嗤之以鼻。

经过长时间的努力，孟德尔的理论依然没有得到学术界的认可，他心灰意冷了，又将工作重心转移到自己的实验上来。

1884 年，也就是伟大的达尔文去世后的第三年，孟德尔也患上了严重的心脏病，在弥留之际，他依然对自己的学说充满了信心。他和达尔文一样，心怀不甘和遗憾离开了人世，只不过达尔文纠结的是他理论中的漏洞，而孟德尔在意的是自己的理论得不到世人的认可。

在当时的社会条件下，信息传播的不及时和滞后，决定了达尔文几乎没有机会读到孟德尔的论文。因为孟德尔发表在会刊上的论文单行本总共就印了 40 份，除了 3 份由孟德尔自己留藏以外，剩余的 37 份很难满足广泛流传的需要。这也许就是两人擦肩而过的原因吧。

孟德尔的理论注定会迎来属于它的荣誉。在 19 世纪末 20 世纪初，欧洲迎来了生产的大繁荣，各种农作物和家畜的饲养都需要培养更加优良的品种，也需要更为贴近实践的理论指导。1900 年，荷兰植物学家德菲利斯、德国植物学家考伦斯和奥地利植物学家柴尔马克在实验中各自独立地发现了孟德尔遗传现象的存在。在查阅文献的时候，三人不约而同地发现了孟德尔发表在伯伦市自然历史博物学会会刊上的论文《植物杂交实验》。至此，这篇沉寂了 34 年之久的论文，再度回到公众的视野，并得到了科学界的认可。

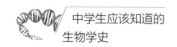

检验科学真理的唯一标准就是科学实验的可重复性，孟德尔遗传定律能被反复验证正说明了这一理论的正确。与近来出现的基因编辑实验不能重复的事件不同，孟德尔的实验能够在各大实验室被不断重复，这是它最终得到社会认可的原因，也是一份迟到多年的对于科学和事实的尊重！

第9章 摩尔根和他的果蝇

——连锁互换定律的确立

在孟德尔遗传定律被再次发掘出来后，科学界一度产生了很大的争议。有认可、有赞赏、有质疑、有不屑……众说纷纭，莫衷一是。

9.1 孟德尔的接棒人——摩尔根

在孟德尔1866年发表《植物杂交实验》论文的同年，在遥远的美国马萨诸塞州的列克星敦镇，诞生了一位孟德尔理论的接棒者——遗传学家摩尔根。列克星敦镇在美国历史上有着极其重要的地位，美国独立战争的第一枪便是在那里打响的，北美殖民地反对英国殖民统治的斗争就是在那里拉开了帷幕。摩尔根在遗传学中的地位也和独立战争在美国历史上的地位一样无可替代！

摩尔根父母双方的家族都是当年南方奴隶制时期的豪门贵族，当时南军的陆军准将约翰·亨特·摩尔根是摩尔根的伯父。美国南北战争中南方的失败让摩尔根的生活从富裕走向贫困。

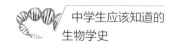

摩尔根

然而，这些事情对摩尔根的影响并不大，他的兴趣始终集中在他所喜爱的大自然上，他喜欢在野外尽情地奔跑、掏鸟窝、捉昆虫、制作标本……摩尔根享受着他最快乐的学习和生活时光，后来他顺利地通过选拔进入了约翰·霍普金斯大学学习胚胎学，并成功地获得了博士学位。

摩尔根在大学主修胚胎学，但是自从孟德尔的遗传理论被关注后，他动摇了，他认为这是一个对生命本质认知来说很关键的领域。因此，他决定放弃主修的胚胎学专业，转而研究新兴的遗传学。

9.2 上帝的礼物——果蝇

摩尔根接过了孟德尔遗传学的大旗，发现了遗传学第三定律，奠定了遗传学的理论基础。摩尔根和孟德尔一样，都有着执着追求的科学精神。同时，他俩也是幸运儿，他们都成功地选择了合适的实验对象。孟德尔选择了豌豆，摩尔根选择了被称为“上帝礼物”的果蝇。

果蝇作为实验材料，有着诸多的优点，如生命周期短、单次繁殖量大、易于饲养、仅有四对染色体、染色体的形态各异且易于区分等。果蝇可以被大量饲养，而且透过透明的玻璃管可以清楚地观察果蝇的具体性状，这可以说是摩尔根能够快速获得实验成功的秘诀。

摩尔根从1908年开始以果蝇为遗传对象的研究，经过两年不懈的努力，他发现了伴性遗传现象和连锁互换定律，这被称为遗传学的第三定律，也是对孟德尔遗传定律的补充和延伸。

摩尔根建立了果蝇室，在窄小的果蝇室中放入了8张桌子，还有一个用来制作果蝇培养基的台子。刚开始，摩尔根实验室的学生用压碎的香蕉来吸引和饲养果蝇，但是发现果蝇并不太喜欢新鲜的压碎的香蕉，它们更倾向于已经完全熟透发酵的并滴着发酵汁水的香蕉。于是，大家就用发酵的香蕉来饲养果蝇，但是香蕉熟透之后会散发强烈的臭味，因此遭到其他课题组的反对。摩尔根还发现，香蕉汁比香蕉便宜，也能起到同样的效果，同时还减少了难闻的气味。但是，在果蝇室门口吊着的一串香蕉没有被移走，这串香蕉是为了吸引果蝇中的“散兵游勇”。这间果蝇室中有四处乱飞的果蝇，有被蔬菜(用于配制培养基)吸引来的大量蟑螂，甚至还有很多乱窜的老鼠。和摩尔根一起工作的柯蒂·斯特恩说:“每次拉开抽屉都能看到蟑螂向暗处逃去。”而且他还告诉摩尔根:“您放下脚就能随时踩死老鼠。”

果蝇

就是在这样恶劣的环境下,摩尔根和他的同事们、学生们一起完成了大量的经典遗传学实验。

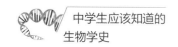

1910年,摩尔根在实验室中发现,白眼的雄性果蝇和红眼的雌性果蝇交配,产生的F1代全是红眼果蝇。如果再将F1代进行相互交配,在F2代果蝇中又会出现白眼果蝇,并且产生的白眼果蝇全部是雄性。除非发生突变,否则不会出现白眼雌性果蝇。摩尔根发现这一性状是与性别紧密联系在一起的,也就是说控制眼睛颜色的因子是连锁固定在性染色体上的,这一发现成为了继孟德尔遗传定律再发现之后的又一项重大突破。

除此之外，摩尔根还发现了另外一个规律，即在进行多对性状遗传实验的时候会出现部分性状的重组或者交换现象。简单来说，就是会产生一些介于不同性状之间的中间类型，而这些性状发生交换的频率和它们在染色体上的距离是有相关性的。这就是我们所熟知的遗传学第三定律——连锁互换定律。

我们可以做一个简单的比喻，一条染色体上的所有基因就像是一副扑克牌，每一张牌都有着独一无二的作用，当父本和母本的染色体发生交换时，就相当于我们将两副扑克牌放在一起混洗，之前离得越近的基因被分开的可能性就越小。实际上，紧挨着的两张牌，被分开的概率大约为 2%，始终保持相邻位置的概率约为 98%。

至此遗传学三大定律都已经被揭示出来，这也意味着经典遗传学的大厦已经打下了坚实的基础。

1913 年，摩尔根通过大量的实验确定了自己的理论，立刻着手完成了《性和遗传》一书。1915 年，摩尔根和他的三个年轻的同事斯特蒂温特、布里奇斯、穆勒又一起合著了《孟德尔式遗传的机制》一书，这本书成为了摩尔根的代表作，书中概述了果蝇研究的全部内容，详细描述了因子(基因)的行为和染色体的行为完全相关，基因成对，染色体也成对，传给后代的仅仅是各对染色体中的一个，基因被分为连锁群，连锁群与染色体的数目和大小相对应。

这本书给摩尔根带来了诸多荣誉，约翰·霍普金斯大学授予摩尔根名誉法学博士学位，这也是摩尔根在日后的著作中最常使用的头衔；肯塔基大学授予摩尔根哲学博士学位；他成为了美国科学院院士，最后还当上了院长；他被任命为英国皇家学会的外籍会员，并在 1924 年荣获达尔文奖章……这些荣誉让他能够轻松地从洛克菲勒财团和卡内基财团等组织获得科研经费。

9.3 不一样的摩尔根

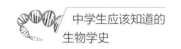

摩尔根与传统意义上的科学家有着很大的区别，在学术精神、工作思路和生活状态上，摩尔根都有着自己鲜明的特点。

首先他有着强烈的质疑精神，在他的著作《实验胚胎学》中有这样一句话："研究者对于一切假说，特别是自己提出的假说，应养成一种怀疑的心态。而一旦证明其谬误，则应立即摒弃之。"因此，在实验科学中，我们要学会发现和珍视例外。

1911 年 9 月 10 日，《科学》杂志上刊登了摩尔根关于果蝇的一篇论文，这篇论文是摩尔根关于果蝇的独创性研究论文中最重要的两篇论文。这篇论文主要讨论果蝇连锁遗传规律。他在文章中写道："孟德尔遗传法则的基础在于假定单位性状的因子随机性分离。孟德尔式遗传的特征，在两个性状时，呈现 9∶3∶3∶1 这样的分离比。到了近些年，在关系到两个以上的性状的场合，发现了几例其分离比例与孟德尔的独立分离假定并不符合。在这种例子中，最有名的是梅雨蛾类和果蝇的伴性遗传……基于对果蝇眼色、体色、翅的突变和性因子遗传的研究结果，我敢提出一个比较简单的说明。如若与这些因子相当的物质包含在染色体中，另外如果这些因子连接成一条直线的话，在异质合子中，从双亲来的各对染色体在进行配对时，相同的部位就会靠拢……原来物质距离短的话，相对于切断面，进入同一侧的可能性高，而离开原部位进入同一侧的可能性和进入反对侧的可能性相等。"

摩尔根是个讨厌建立假说的人，他喜欢用事实来说话，用定量的实验来说明问题，用数据来表达自己的观点，可是这篇让他成名的代表作中却连一个数据也没有，这是不符合他的性格的。文中他用了大量的理论来阐述这一观点，说明这是他迫切想表达的新颖的观点。一年之后，摩尔根才发表了相关的实验数据，一年的时间他也不愿意去等，可见这一发现对于摩尔根的重要性有多大！

摩尔根在工作中平易近人。作为摩尔根的学生和同事，年轻的斯特蒂温特经常叼着烟斗，斜躺在座椅上，两条腿随意地翘在桌子上，跟自己的恩师摩尔根探讨学术问题，这种场面是我们无法想象的。师从摩尔根的年轻学生对他的不拘小节无不赞许。在伊恩·夏因、西尔维亚·罗贝尔著的《摩尔根传》中记录了这样一个故事。休厄尔·赖特博士在洗手间碰到了自己的导师摩尔根，但是当时男厕所的门已经被锁住了，摩尔根二话不说，托起休厄尔·赖特，让他方便地跨了进去。摩尔根在生活中也毫不讲究，在找不到皮带的时候，他就用细绳系裤子，即使衬衫上的纽扣全部掉了，他也毫不在意地穿在身上。有一次，摩尔根发现自己的衬衫上有一个明显的破洞，他竟然让同事用白纸把破洞贴上。因此，他不止一次地被人误认为是实验室里的清洁工。

摩尔根的实验桌并不是我们想象的那样干净整齐，始终是杂乱无章的。与他在实验数据上的精细形成鲜明对比的是他的工作环境，他经常将自己桌子上散落的各种信件和其他实验物品一股脑地推到邻桌学生的位子上，然后专心致志地用放大镜数着自己的果蝇。在数果蝇的同时，他会将不用的果蝇用大拇指直接摁死在陶瓷板上，却一直不去清洗陶瓷板，以至于这些陶瓷板上长满了各种真菌……

第10章 船式和椅式构象

——糖类分子结构的阐明

生物学一直很难与有机化学完全划清界限，生物体中涉及的反应基本上都可以归属为有机化学反应，如糖类等大分子有机化合物的研究本身就属于有机化学的研究范畴，其代谢过程也属于有机化学的研究内容。同时，很多生物学上的问题都被认为与有机化学相关，可以用化学作用和化学理论来解释。早在 18 世纪，人们普遍使用医械论来解释生命现象，但是仍有一些自然哲学家被解释生命现象的化学理论所吸引，其中一个重要的启蒙式的人物是赫尔蒙特，与文艺复兴时期的炼金术士巴拉塞尔苏斯一样，他认为生命基本上是一个化学现象，所有的生理过程都是由"生基"所控制的化学转化过程，"生基"是机体内存在的"炼金术士"。与巴拉塞尔苏斯不同的是，由于赫尔蒙特在气体和发酵方面的开拓性研究，他在化学史上拥有一个无可争议的地位。他引入了"气体"，取代了巴拉塞尔苏斯学派的"混沌"一词，这个词语恰好描述了发生在炼金术实验室里的典型现象，即密闭器皿里的物质在加热后释放出挥发物。

10.1 糖类结构的解析

由于糖类分子的分子量小、结构简单，研究起来相对容易，所以它的结构在四类大分子——糖类、脂类、蛋白质、核酸中最先被解析。早在19世纪30年代，糖结构没有被完全揭示之前，德国生物化学家艾伯登已经开始了糖酵解的研究，但是要研究糖类的酵解就必须先要了解糖类的结构。

19世纪中叶，在原子分子论建立以后，分子的结构问题成为了化学家关注的焦点，他们以此为突破口开展分子结构研究。鉴于当时的实验设备相对落后，尚没有X光衍射、核磁共振波谱法等技术手段，实验研究很难得出确切的结论。这一情况直到1858年才有所改观，德国化学家凯库勒研究化学工业的重要原料——煤焦油中的苯的结构。经过六年努力，1864年冬，他终于联想出苯可能是碳链两端相连成环的结构，从而发现了苯的六元环构型。因为糖类物质的结构主体就是苯环状的六元糖环结构，所以苯环结构的解析间接地促进了糖类结构的解码，开启了糖类结构研究的大门。

10.2 费歇尔建立糖类分子平面投影模型

1902年，诺贝尔化学奖得主赫尔曼·埃米尔·费歇尔在糖类结构上的研究取得了一系列重要突破，为糖类酵解研究铺平了道路。

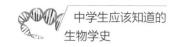

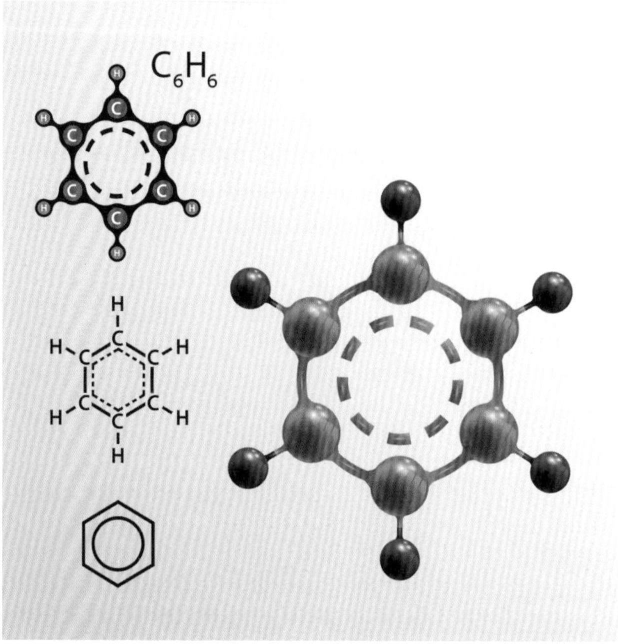

苯分子结构

费歇尔于1852年10月9日出生在德国波恩市郊区的一个富有家庭中。作为家中唯一的男孩，他的父亲希望他能够继承家业，但是他并不热爱经商，反而对自然科学有着浓厚的兴趣，尤其是物理学和化学。费歇尔一次次地将父亲交给自己的生意经营得一塌糊涂。根据他父亲自传的记载，费歇尔是一个好学生，却不是一个成功的商人。在多次劝说无效后，出于对家族产业——毛纺厂和印染厂的未来考虑，费歇尔的父亲不得不做出让步，同意了费歇尔的选择并建议他：如果要选择自然科学作为日后毕生从事的职业的话，那么可以选择化学。

1871年，费歇尔的父亲将他送入波恩大学学习化学，并师从发现苯环结构的著名化学家凯库勒。这对费歇尔来说是一个千载难逢的好机会，凯库勒的所有课程他全部选修，其他相关的课程他也不曾落下，以便丰富自己的化学知识。1871年8月，费歇尔开始兼学物理学

费歇尔

和矿物学,他认为这些课程会对他日后的化学研究有很大裨益。1872年,费歇尔来到新建立的斯特拉斯堡大学,跟随著名的罗斯教授和化学大师贝耶尔学习化学,这是费歇尔研究生涯的重大契机。贝耶尔致力于化学分析方法研究,这是一种严谨的、绝对定量的化学研究方法,通过对反应的物质量和试剂消耗量进行估算来判断物质的成分。在贝耶尔的指导下,费歇尔学习了严密的分析化学实验方法,这对他后来的糖类结构研究影响深远。费歇尔在后来的回忆中称,在贝耶尔的指导下他已经深深地迷上了有机化学。在贝耶尔的影响和感染之下,他终于确定了方向,决定将一生奉献给有机化学这门有着精密体系的学科。在斯特拉斯堡大学,他的研究掀开了崭新的一页,在贝耶尔的安排下,费歇尔参与了很多化学与生物学交叉的学术课题研究,这些经历在他逐渐成长为“生物化学之父”的过程中起到了关键作用。

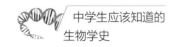

1872～1874年，费歇尔开始为获得博士学位而努力，他的博士论文的研究方向是糖类的分子结构。为了实现这一目的，他必须先找到能够将糖分子分离出来的办法。在斯特拉斯堡大学的实验室中，他发现有一种淡黄色的液体苯肼可以与糖类分子结合，形成一种难溶于水的黄色结晶体，他把这种结晶体称为糖脎。苯肼是一种白色的晶体或油状液体，在空气中会逐渐地被氧化成黄色。费歇尔发现苯肼是包括乙醇等在内的很多物质的中间体，它易与糖类的醛基和酮基反应，生成不溶于水的结晶体，从而使糖分子沉淀下来。不同的糖类分子均可以与苯肼发生反应，生成不同的糖脎结晶体，利用这种方法就可以鉴别当时已知的各种糖类。糖类物质属于混合物，很难让其各个组分单独形成晶体，从而分离出来，而费歇尔却在实验室中将提纯单糖变成了现实。虽然这只是万里长征的第一步，但是这一步带来的效应不容小觑，后续的研究就像有了催化剂一般加速前行。通过对结晶体进行结构上的解析，了解其存在什么样的特定官能团，就可以有针对性地了解糖类的物理化学性质。费歇尔的化学实验改变了原先人们对这些碳水化合物的认知。

他先后完成了一系列实验。他实现了糖酵解中间的关键步骤——葡萄糖氧化成醛糖酸，他还发现苯肼是染料、医药、化工等很多行业的前体物质，在过量的苯肼中形成的不同糖脎有着不同的结晶状态和熔点。这是一项重要的突破，由此很自然地在糖类物质与芳香族化合物之间建立起了联系。苯肼作用的发现虽然有偶然因素，但是与费歇尔前期大量的基础工作是密不可分的。也正是因为苯肼作用的发现破除了糖类结构研究的最后一道障碍，从而翻开了糖代谢研究的新篇章。

1874年，年仅22岁的费歇尔在斯特拉斯堡大学顺利拿到了博士学位。在攻读博士学位期间，他完成了很多项重要的学术发现，并且证明了它们之间的关系。鉴于他所具有的优秀的学术研究能力、创新能力和所取得的这一系列的研究成果，他于 1874 年被任命为斯特拉斯堡大学助理教授。

费歇尔在担任助理教授之后继续沿着之前的思路进行研究，因为利用苯肼已经能够分离出糖类分子，所以接下来的研究方向主要集中在探明糖类物质的结构上。研究伊始，他思考是否可以先提出一个合适的分子结构，然后尝试合成这种物质。在合成之后，通过物理手段检测分子的结构是否达到合成前设计的结构要求，利用代谢分解来验证是否能得到起始的化合物，这样便可以准确地验证自己的推断是否正确。

在 1875 年往后的十年间里，费歇尔一直致力于这方面的研究。在研究过程中，费歇尔发现了很多奇怪的现象：虽然同是一种物质，有的能够发生反应，有的却无法反应；同样的碳原子有些可以发生氧化反应或者还原反应，有些却不能……他很快意识到糖类分子可能是一种空间同分异构体。于是他使用荷兰科学家范托夫和法国科学家勒贝尔的价键理论来构建四面体碳原子模型，使具有相同结构式的分子在空间上具有不同的构型。

德国化学家凯库勒发展并完善了这种方法，由于凯库勒早年曾经学习过建筑学，他在空间结构上的想象力要比其他的研究者略胜一筹。凯库勒尝试把不同化合物的性质与结构联系在一起，他认为虽然在化合物中碳原子的排列是不变的，但是可以发生原子位置的扭转，通过空间构型可以方便地看出分子的立体结构。

但是，这在当时却存在一个难以解决的问题——如何在纸面上表示同种分子的不同立体构型。糖类分子结构都要采用立体的方式表达，这种方式看起来相对直观，但是却无法在纸面上反映出来，因此研究起来有一定的难度。于是，费歇尔希望采用平面的方式来表达糖类分子的立体结构，以便在纸面上反映出立体结构，让立体构型变得易于书写和识读。

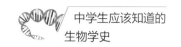

19世纪末，费歇尔另辟蹊径，发明了“投影”的方法，用不同粗细的线条来表示分子键，很方便地将不同的糖类结构反映在纸面上。首先把整个立体糖分子模型竖立起来，通过正面的光线垂直照射，使得碳原子和其他的附属基团投影在墙面上。用横竖线条来表示价键，其中横竖线条的末端分别代表前后的基团，横竖线条交叉的点表示碳原子。同时碳原子的表示也有一定的顺序，排在最上方的碳原子编号最小，这样就可以清晰地将整个糖结构反映在平面的纸张上，这是立体的糖分子结构第一次在平面上被表达出来，因此这种书写方式被称为费歇尔投影法。

费歇尔后期的研究工作依然集中在嘌呤和糖上。他对很多的物质或者现象都先进行合理的假设，然后再逐步完善和证明自己的假设。遵循着这个思路，1884年他命名了嘌呤，并于1898年在实验室中合成了它。他还发现了果糖、葡萄糖和甘露糖这些不同构象的糖类，证明了糖类物质的差向异构化效应和同分异构体之间的联系，并在甘露糖酸和葡萄糖之间建立起了立体化学的构象关联。他利用建立起的立体化学配置，运用自己构建的模型对比了所有已知的糖类，并准确判断了它们可能存在的同分异构体。通过巧妙地运用不对称碳原子理论，他证明了相互之间不同的己糖合成的异构化，然后在戊糖、己糖的降解和合成中证明了该理论的正确性，并且形成了自己的学术体系。

为了系统地描述自己的研究成果，并且将自己对糖类结构研究的最新成果公之于众，1906年，费歇尔发表了一篇关于糖类结构的文章。这篇文章集合了费歇尔毕生研究的精华，也被认为是糖类结构研究的集大成之作。在文章中，他详细叙述了通过实验确立的各种单糖和二糖的结构和不同构型，并确定了单糖的氧化还原和加成反应，成功地实现了从一种单糖到另外一种单糖的转变。他在攻读博士学位期间，利用分离出来的苯肼单体成功制备了果糖、葡萄糖等单糖，随后以此为基础合成了很多糖类衍生物。同时费歇尔在实验中利用稀盐酸等物质将自己合成的糖类物质分别酵解成为酒精、乳酸或者合成糖苷，还发现了糖苷与多糖之间的联系。在合成了这些物质之后，他反向演绎，对实验中合成的二糖类物质进行酸水解和发酵处理，再得到原先的反应物，最终验证了在实验室中合成这些物质的可能性。

这些物质的合成，让以前无法提纯的糖类物质生成结晶，并且为多糖中淀粉和纤维素的制备提供了可行的研究方法。

费歇尔在文章中阐述了糖类代谢的过程与催化酶之间的紧密关系。他认识到每一种酶的作用都是非常具体的，从催化酶的角度可以清晰地解释某些化学中的自然现象，酶和葡萄糖的自然前体——葡萄糖苷必须组合在一起，这种状态就像锁和钥匙一般。在这种条件下，有机体能够精密地执行具体的化学转化过程，这是其他方式无法替代的。这一理论即是后来的锁-钥模型理论，这为糖类代谢循环中化学反应里酶的发现提供了研究思路。费歇尔建立了糖类结构研究的实验体系，发现了同分异构体之间的联系，在糖类物质与芳香族化合物之间搭建起了桥梁。这篇文章代表了当时糖类研究的最高水平。

但是，费歇尔依然遇到了一些无法解决的难题。第一个难题就是：同为葡萄糖分子，有些合成的分子可以被发酵，有些却不能。这让当时的化学家们颇为头疼，这也意味着这些葡萄糖分子是有区别的，但是通过费歇尔投影式却看不出它们有什么结构上的不同。1906 年，瑞士化学家韦尔纳发现有机物的各种不同的对映体在偏振光的作用下会发生顺时针或者逆时针旋转，这种旋转体被称为左旋体或右旋体。他对葡萄糖的旋光性进行了检验，在它的异构体前放置平面偏振光的发射器，在其后放置偏振面，当用偏振光照射这些异构体时会出现两种情况：一种异构体会使偏振面沿着顺时针方向偏转，其被称为右旋光物质，用“+”来表示；另一种异构体会使偏振面沿着逆时针方向偏转，其被称为左旋光物质，用“-”来表示。韦尔纳发现葡萄糖具有左旋和右旋两种结构，其中只有右旋的葡萄糖可以被人体吸收利用，参与到物质代谢中，即使同为葡萄糖或者其他的六碳糖，所有左旋的异构体则必须采取别的方式进入代谢途径并被分解，这一重要的发现使糖酵解的研究目标更为清晰明确。

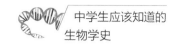

费歇尔对糖代谢过程的研究是基础性、关键性和开创性的。通过分子结构的实验来理解动植物体内存在的各种通路，虽然他没有最终发现糖类的糖酵解循环以及有氧代谢循环，但是他的工作为糖类发酵的研究奠定了坚实的基础。费歇尔的研究成果是多方面的：他发现了糖脎和葡萄糖结构；合成了葡萄糖、果糖、甘露糖、糖苷和脂肪类化学物质；发明了费歇尔投影法；等等。他将毕生精力贡献给了有机化学和糖类事业。他的化学实验改变了原先人们对这些碳水化合物的认知，并且把新的知识串联成一个连贯的整体。1902 年，他被授予诺贝尔化学奖，以表彰他在糖类和嘌呤合成方面做出的贡献。1919 年费歇尔去世后，德国化学协会制作了埃米尔·费歇尔纪念奖章，以表彰他在化学领域的巨大贡献和在生物化学领域的开创性贡献。他创造性的实验为后来糖类的酵解和三羧酸循环过程的发现铺平了道路。

10.3 霍沃思创立的船式、椅式构象模型

除了费歇尔之外,另一位化学家霍沃思对糖结构的解析也起到了关键作用,他的贡献在于发现了糖类的船式和椅式构象。

在费歇尔发明了投影法来表达糖类分子结构后,糖类分子便可以清晰地在纸面上被描述出来,给读者以直观的感受。但是很快新的问题就凸显出来了,依据费歇尔的投影式规则,原子之间的单键旋转是自由的,这样每一种糖类分子在理论上就存在无限种不同的构象,但是在实际中,相邻碳原子之间单键的旋转受到临近基团的非共价作用影响,只能存在一种或者几种优势的构象,如果不能够确定原子的具体位置,则无法预测生成物的性质和构象,所以有必要完善费歇尔投影法。

霍沃思自20世纪20年代开始利用环己烷来研究相关的优势构象问题。他发现分子内相邻碳上的取代基之间的距离小于范德华距离时,非键合相互作用力表现为斥力,相邻碳上取代基之间的非键合相互作用产生的张力可以分为扭张力和位阻张力。在不同的力的作用下,平面的碳原子环就会发生一定形式的扭曲,而不仅仅是费歇尔投影式所描述的规则形状。随后,霍沃思又利用糖类分子做实验材料,因为它和环己烷一样均是六元碳环结构。他发现糖类的碳原子环也并不是固定不变的,而是在特定的情况下产生特定的扭曲形式,成为具有不同化学性质的同分异构体。按照碳原子的构造形式,环状分子中的六个碳原子在保持109.5°的键角不变的情况下,可以分别向环所在平面的同一侧或者异侧翻转,形成六元环的船式

或椅式构象。

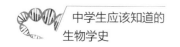

霍沃思发现椅式构象中六元环的六个碳原子分别处于相距约0.05纳米的相互平行的平面内。他还惊奇地发现，椅式构象中只有位阻张力，没有角张力和扭张力，而船式构象既有位阻张力，又有角张力和扭张力，这样就会导致斥力较大。另外，在船式构象中，船头和船尾的两个碳氢键朝同一个方向伸展，两个氢原子距离较近，相互拥挤，因此能量较高，这也是船式构象不稳定的原因。而椅式构象则没有上述问题，所以对于糖类分子来说，具有优势的构象就是椅式构象。

在实验中证实了船式和椅式构象之后，霍沃思开始思考如何在纸面上表达这种构象。20世纪20年代末，霍沃思在费歇尔的研究基础上改进了费歇尔投影法。他利用透视的方式展示糖类的分子空间结构，这种方法能更接近分子的真实形象，看起来也更加直观。透视式采用了不同的粗细线条来表示碳键背离或者贴近纸面，粗线条表示向上或者向前伸出纸面，同时表示环下方的碳碳键。折角处用短线条体现翻折的角度，一般成环的原子只包括碳原子和氧原子，氧原子会标注出来，碳原子用折点来表示。根据两端翻折的方向不同，将它们分别命名为船式结构和椅式结构，这种方式比费歇尔投影式更加直观和形象地反映出物质的空间结构。

早在霍沃思和费歇尔之前，英国化学家荻原克·布通在对胆固醇构象的研究中提出了六元环的船式和椅式构象。霍沃思在研究糖类结构的过程中深受荻原克·布通的启发，他认为糖类，尤其是这种以葡萄糖为代表的六元环糖类也具有这样的结构，并用透视的方式进行展示，突破了以往仅仅能在平面内进行描述的局限。

1995年，美国科学家纽曼改进了费歇尔投影式，发明了更容易被识读的糖类分子投影式。

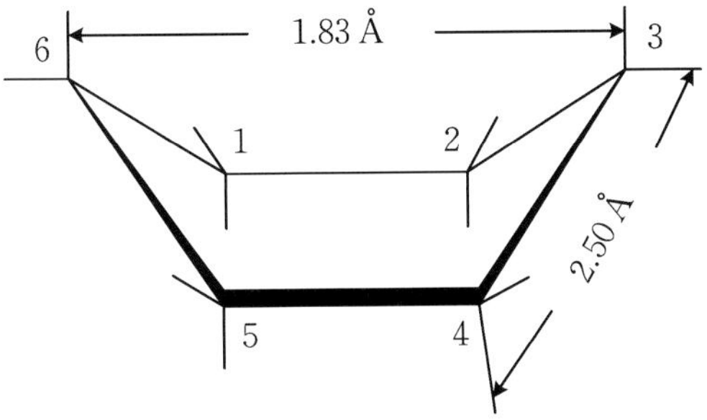

船式构象

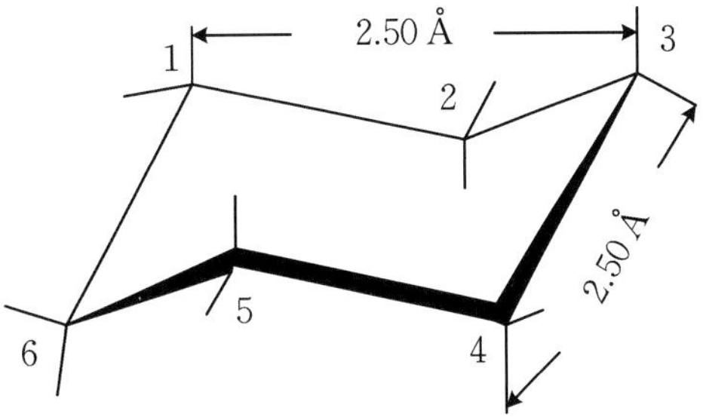

椅式构象

霍沃思透视式

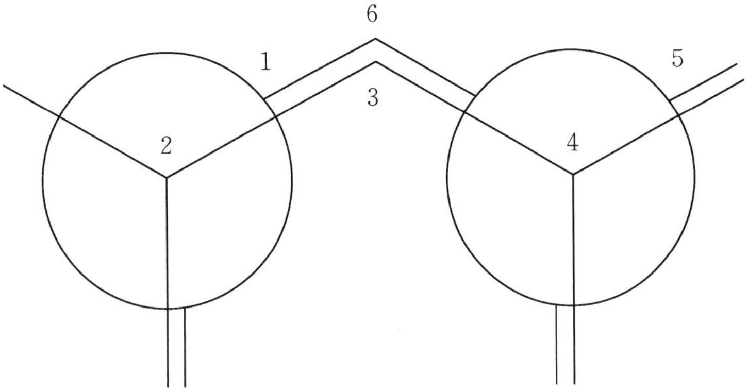

船式构象

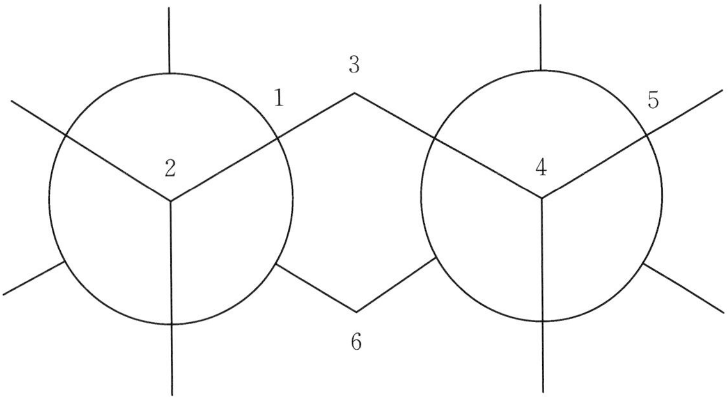

椅式构象

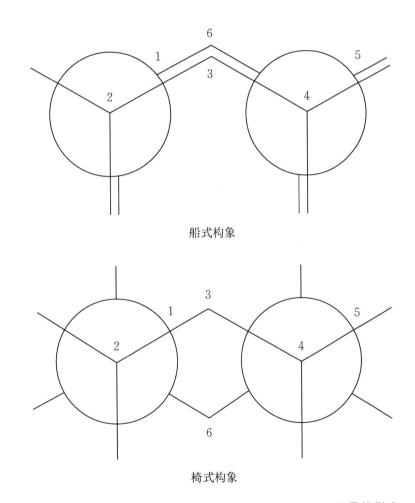

纽曼投影式

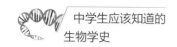

为了表彰霍沃思在糖类化学结构研究中的卓越贡献，他被授予了1937年的诺贝尔化学奖。乌普萨拉大学的琳达教授在颁奖典礼晚宴致辞中称："霍沃思是当今化学界的研究先驱者，他对分子结构的解读工作是划时代的，在这个领域中获得的成就有目共睹，获得诺贝尔化学奖当之无愧。霍沃思工作的伟大之处在于他在碳水化合物的研究中发现了糖类的船式和椅式构象，这项工作对于科学研究和实践医学来说是非常重要的。"霍沃思的发现进一步明确了糖类的不同空间构象，为研究糖类在体内的下一步走向清除了最后一个障碍。

第11章 列文与四核苷酸假说
——核酸化学成分的确定

糖类、脂类、蛋白质、核酸四类大分子是构成生物体最重要的物质。其中,核酸的发现过程最为坎坷,由于四核苷酸假说的盛行,有关核酸的研究受到了一定程度的禁锢。

11.1 核素的命名

核酸是重要的生物大分子。1868年,瑞士青年科学家米切尔从绷带上的脓细胞的细胞核中分离出一种有机物。这种有机物有一个不同于其他物质的特点,它的磷酸含量超过了当时已知的所有化合物。但是,这种物质究竟是什么?米切尔没能给出答案。

为了区别于其他的物质,米切尔将其(核酸)命名为核素,以表示它是从细胞核中分离出来的。我们现在知道,这种核素就是脱氧核糖核蛋白。

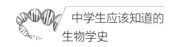

11.2 列文提出核苷酸的概念

有很多的科学家从事核酸研究，除米切尔之外，还有霍佩·塞勒、科赛尔、列文……其中，研究成果最丰富、最为著名的还要数列文。

1869年2月25日，列文出生于立陶宛的萨格尔。4岁时，他随父母举家移居到俄国的圣彼得堡，在那里他度过了自己的少年时光。中学毕业后，列文进入帝国军事医学院学习，并在23岁时获得了博士学位，其间，他对生物化学专业产生了浓厚的兴趣。由于受到俄国反犹太主义的影响，1893年，列文全家迁往美国，在美国期间他从未间断过在生物化学方面的研究。列文后来到欧洲的波恩大学、慕尼黑大学进修，在进修期间，他有幸结识了很多生物化学研究方面的权威人物。列文跟随科赛尔学习核酸化学、跟随糖结构的发现者——诺贝尔奖获得者费歇尔学习糖类化学。经过严谨的科学研究训练，列文的科研水平得以迅速提高。

学成归来的列文在1905年被洛克菲勒医学研究所——现在的洛克菲勒大学聘为助理研究员、化学部主任，列文在这个职位上一直工作到退休。

作为美国科学院院士、美国生物化学学会的创始人，列文一共发表了700余篇研究论文，荣获了美国化学会的吉布斯奖章和纽约地区的尼尔科斯奖章，他在核酸化学领域做出了重要的贡献。

1868年，“核素”的概念被提出来之后，科赛尔的研究组通过大量反复的实验证明了核酸是由碱基、磷酸和糖类组成的。当时，将取自于胸腺的核酸称为胸腺核酸(实际上就是 DNA);将取自于酵母的核酸称为酵母核酸(实际上就是 RNA)。科赛尔指出,酵母核酸的糖是五碳糖,这种说法是正确的,但是他却错误地认为胸腺核酸的糖是六碳糖。

1909 年,列文在洛克菲勒医学研究所用酸水解肌苷酸,得到了次黄嘌呤和核糖磷酸,如果改用碱水解肌苷酸就会得到肌酐和磷酸盐。在此基础上,列文进一步提出了“核苷酸”的概念,并认为,核酸是以核苷酸为基本结构单位的。

随后,列文又对酵母核酸和胸腺核酸进行了细致的研究。1909 年,列文和雅各布斯通过水解酵母核酸得到了肌苷和鸟苷,然后又继续在温和的反应条件下进行水解,得到了一种结晶的五碳糖,首次证明酵母核酸中的五碳糖是 D-核糖。因此,我们将所有的酵母核酸称为核糖核酸。

1929 年,列文继续用酶解的方法来处理胸腺核酸,得到的居然是脱氧核苷,经过短暂的稀酸处理,获得了 D-2-脱氧核糖的晶体。由于它在酸性环境中极其不稳定,包括科赛尔在内的多位科学家用酸水解胸腺核酸的方法均无法制得它,所以大家一致认为胸腺核酸的糖就是六碳糖,而列文通过自己的研究纠正了这一错误观点。

列文还纠正了另外一个错误观点。由于之前的核糖核酸是从酵母、小麦胚芽等植物体中分离出来的,而脱氧核糖核酸是从动物组织,比如胸腺中分离出来的,所以人们普遍地将核糖核酸和脱氧核糖核酸分别称为植物核酸和动物核酸。列文的研究证实了这种观点是错误的,无论是核糖核酸还是脱氧核糖核酸,在动植物体内都有可能存在。

11.3 四核苷酸假说

列文在核酸化学领域做出了重要贡献,他被看成是核酸研究的权威,他的很多研究成果都被奉为经典。但是“成也萧何,败也萧何”,他的部分错误观点也对后来的核酸研究产生了重要影响。其中,影响最大的就是四核苷酸假说,这一假说目前已被证明是错误的,但是在当时,却被人们长期奉为经典,即使在艾弗里的肺炎双球菌转化实验证明 DNA 是遗传物质之后,还是有相当一部分人认为四核苷酸假说是完全正确的。艾弗里迫于舆论的巨大压力,不得不对自己的实验持“谨慎”的态度。从这一点可以看出,四核苷酸假说的影响力是多么的

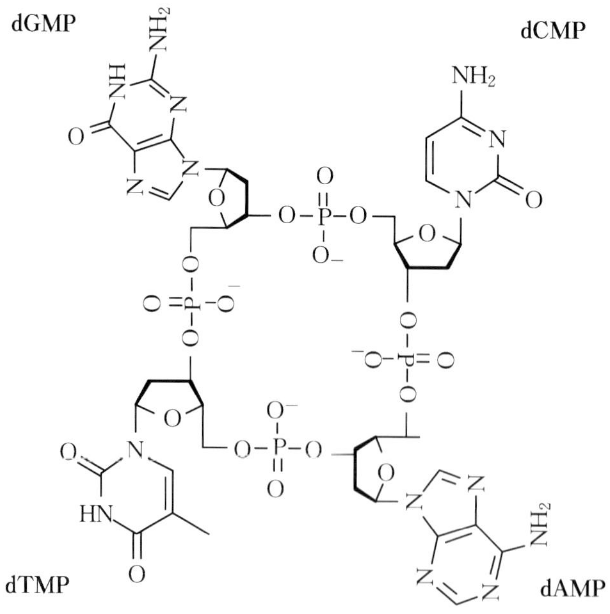

四核苷酸假说模型

巨大。那么这一影响深远的假说是怎样被提出来的呢?

20世纪初,人们都是用较强的酸来提取核酸,核酸在强酸环境下很容易分解成短的片段。最初,列文等人通过实验测得这些短片段的分子量在1500道尔顿左右,这样的分子量说明核酸是个小分子,并且这个小分子的分子量和四个核苷酸的分子量总和大致相当。又经过仔细的实验,列文发现核酸中四种碱基的含量基本相等。于是,这就顺理成章地形成一种结论,即阻碍核酸研究发展几十年之久的四核苷酸假说:DNA分子是仅含有四个核苷酸的小分子,每种核苷酸的数量大致相同。

这一错误观点的最大危害在于,它否定了核酸是大分子物质的客观事实,也从本质上否认了核酸成为遗传信息携带者的可能性。因为重复的、过于简单的结构很难在遗传信息的传递中发挥出重要作用。

虽然科赛尔等科学家也曾提出了核酸可能在遗传方面具有重要作用的观点,但是他们的提法仅仅是猜测,在四核苷酸假说佐证了核酸的分子量仅有1500道尔顿之后,这些想法被再一次搁置了。

1938年,相关研究出现了转机,列文和施密特用超速离心法测出DNA的分子量高达200000~1000000道尔顿,而非之前测得的1500道尔顿,这就说明DNA应该是一种大分子化合物,它是具有携带遗传信息潜力的。

由于列文对四核苷酸假说深信不疑,所以他仅仅对这一假说进行了些许的修正,再次错过了发现正确理论的机会。

列文对四核苷酸假说进行了修改:DNA分子是由相同的四核苷酸单元聚合而成的高分子化合物。这种简单的聚合物虽然在分子量上达到了大分子化合物的标准,但是由于在结构上过于简单,所以无法成为遗传信息的携带者。

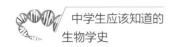

11.4 艾弗里的肺炎双球菌实验

核酸最终被确定为遗传物质，离不开分子生物学家艾弗里的推动。艾弗里于1877年生于加拿大新斯科舍省的哈利法克斯，他是分子生物学研究的先驱和细菌学以及免疫学研究的重要奠基人。10岁那年，他随父母一起从加拿大移居美国纽约，进入大学之后，艾弗里一直主修人文科学，偶尔选修一些自然科学课程。1900年，23岁的艾弗里进入哥伦比亚大学医学院学习，四年之后，他获得了博士学位。1907年，艾弗里来到纽约南部布鲁克林的霍格兰实验室工作，他在那里教授课程，并学习实验技能和生物化学。从此，艾弗里对致病菌的生理化学产生了浓厚的兴趣。

1923年，英国卫生部的医学官员格里菲斯证实了肺炎双球菌存在两种不同的品系：一种是粗糙的R品系，另一种是光滑的S品系。其中R品系没有毒性，而S品系有毒性。艾弗里指出S品系之所以有毒性是由于有外部荚膜的包被，而R品系丧失了荚膜的包被所以失去了毒性。我们现在知道，S品系由于有荚膜的包被，不能被吞噬细胞所消化，所以可以快速地增殖而导致宿主生病。

格里菲斯进行了一项实验，他分别给小鼠注射活的R型菌、活的S型菌、加热灭活的S型菌，结果小鼠分别出现了活、死、活的实验现象。此时，如果将加热灭活的S型菌和活的R型菌的混合菌注入小鼠体内，结果让人惊奇，小鼠竟然发病死亡了。

这一实验结果该如何解释呢？格里菲斯思考良久，仍无法得知究竟是什么原因导致了这一现象的发生，他猜测在小鼠体内可能存在一种转化因子，能使 R 型细菌转化成 S 型细菌，但是他却无法确认这种转化因子究竟是什么。

艾弗里对于这种转化因子的说法并不满意，他希望通过实验来解释这一现象。1931 年，艾弗里团队发现不用小鼠也能够顺利地完成实验。他们对 S 型细菌的提取液进行处理，将其稀释到不同的浓度，然后将这些稀释后的溶液倒入含有 R 型细菌的培养基中。如果菌落发生了变化，这就说明在这种浓度之下，细菌可以发生转化。

艾弗里在 1944 年发表的文章中用谨慎的语言提到，他们可能提取到了转化因子。为了得到转化因子，他们做了大量的实验。他们把肺炎球菌放在牛心制成的培养基中培养，用冷冻离心机将细菌分离出来，重新悬浮在盐水之中，将稠的、奶油状的细胞悬浮液快速加热，杀死所有细胞，并使体内破坏转化因子的酶失活，这种酶实际上就是 DNA 酶。他们将煮过的肺炎双球菌用盐水洗三次，除去荚膜多糖及蛋白质，再把洗过的细菌放在胆汁盐中并摇动一小时以破坏它们的细胞壁，然后用纯酒精将提取物再沉淀。

他们对提纯后的转化因子进行了一系列的物理、化学以及酶学分析，实验中 DNA 的检测结果是阳性的，对样品进行元素比例分析，得出氮磷比为 1.67∶1，与 DNA 中的比例十分类似，因此大致确定了转化因子的本质是 DNA。

为了进一步证实自己的理论，他们还做了免疫学实验。精确的免疫学实验证明，在转化的提取液中既没有蛋白质也没有荚膜多糖。艾弗里后来在描述自己的实验过程时写道："简单地说，这种物质是有很高活性的……它和纯脱氧核糖核酸(胸腺型)的理论数据十分相符，谁能想到这一点呢？如果我们是对的(当然这还需要得到更多的证实)，那就意味着核酸不但从结构上来说是重要的，而且从功能上来说，它是决定细胞生化活性和具体特性的有效物质。用已知的化学知识来推测，也许它在细胞中能够诱导可预测、可遗传的变化……但现在我们有足够的证据来说明，不含蛋白质的脱氧核苷酸钠或许也具有这些生物活性和特性，我们正试图全力得到这些证据。肥皂泡是很美丽的，但聪明人会把它击破而不是让别人来击破它。”

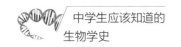

由于自己团队提取的 DNA 纯度并非 100%，因此，艾弗里一直对自己的判断不自信。四核苷酸假说的创始人列文也是这种观点的强烈反对者之一。

从事生化遗传研究的米尔斯基确信并试图证明在高等生物染色体中与核酸相连的蛋白质才是活性物质。米尔斯基多次在公开场合中明确地指出，在艾弗里的实验过程中，有些蛋白质对消化酶是不敏感的，因此在转化液中一定存在微量的蛋白质污染。

其实艾弗里的实验已经很清楚地说明了问题，但是他却在自己的表述中含糊其辞，不敢说得太过于绝对。因为之前曾经发生过类似的事件。

在 20 世纪 20 年代的慕尼黑，维尔斯塔特是当时举足轻重的有机化学家和酶专家，他对外宣称，他已经得到了不含有蛋白质却具有酶活性和催化活性的样品。这让很多人认为酶的生物学特性并不是蛋白质。1930 年，洛克菲勒医学研究所的诺思罗普通过使胃蛋白酶结晶证实了它是蛋白质；1934 年，萨姆纳用脲酶也得出了同样的结论。诺思罗普和他的同事通过精密的测量，指出了维尔斯塔特的错误实验结果是由微量的蛋白质污染造成的。

这件事情对艾弗里产生了重要的影响，导致他存有诸多疑虑，不大自信。

第12章 富兰克林和查伽夫

——发现双螺旋结构的幕后英雄

平心而论，沃森和克里克能够获得 1962 年的诺贝尔生理学或医学奖，与另外一位科学家的功劳密不可分，她就是英国著名生物物理学家罗莎琳·富兰克林，但是现在人们已经很少提及这位女科学家的贡献了，这是不公平的，也是对历史的不尊重。并且在富兰克林之前，另一位生物学家查伽夫也做出了巨大的贡献，他提出的查伽夫规则对双螺旋结构的发现也起到了巨大的促进作用。

12.1 错失大奖的富兰克林

1920 年 7 月 25 日，罗莎琳·富兰克林出生在英国伦敦的一个犹太家庭中，她的父亲是著名的商业银行家。

令人遗憾的是，她在 38 岁时就早早地离开了人世。如果她没有早逝的话，那么 1962 年诺贝尔生理学或医学奖的获奖名单上就会出现富兰克林的名字。在女性科研地位十分低下的当时，富兰克林能取得这样的成就，付出了比其他男性科学家更多的努力。

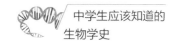

少年时代的富兰克林便对物理、化学产生了浓厚的兴趣，她 18 岁进入英国剑桥大学，1941 年在剑桥大学获得了物理化学专业的自然科学学士学位，4 年后她获得了剑桥大学哲学博士学位。1947 年至 1950 年，她在诺贝尔化学奖得主罗纳德·诺尼什手下从事研究工作，二战后又辗转前往巴黎。1950 年，她受聘于伦敦大学国王学院从事蛋白质晶体 X 射线衍射研究。

富兰克林

富兰克林任职伦敦大学国王学院，既是幸运的，也是不幸的。幸运的是，她在这里拍摄了 DNA 双螺旋的 X 射线衍射照片，而正是这张衍射照片让沃森和克里克构建出 DNA 双螺旋模型。不幸的是，富兰克林因罹患癌症而离开了人世，而这与她长期从事 X 射线衍射工作有着密切的关系。长时间、大量地接触 X 射线使她的身体细胞发生突变，最终导致癌症的发生。

对于富兰克林的评价，不同的人有着不同的看法。沃森在《双螺旋：发现 DNA 结构的故事》中写道："她学术思想保守、脾气古怪、难以合作、对 DNA 所知甚少。"而在富兰克林死后，美国作家安妮·赛尔发表了《罗莎琳·富兰克林和 DNA》一文，文中展现了一个正直勇敢、宽宏大量，对科学执着、富有激情的女学者形象。但是无论评价如何，她对发现 DNA 双螺旋结构的贡献都是无法抹杀的。

富兰克林对实验器材和实验样品的处理过程下过一番苦功夫。她改进了 X 射线照相机，使其能够感触到像针一样细的光束，并找到了更为合适的方法来排列 DNA 绒毛状的纤维，她用一根玻璃棒将 DNA 的绒毛状的纤维拉开成平行状，再将这些纤维聚集成束，然后用 X 射线照相机进行拍照。

1952 年，富兰克林拍摄出了极其清晰的"A 型"和"B 型"两种 DNA 结构式的照片，其中的"B 型"照片为日后 DNA 双螺旋结构的解析提供了实验证据。科学家贝尔纳在富兰克林的悼词中写道："她拍摄的 X 射线照片是至今所拍摄的任何物质照片中最为漂亮的。"

富兰克林通过不断地改变 DNA 绒毛纤维周围的空气湿度，使 DNA 分子在"A 型"和"B 型"之间不断转换。如果纤维周围的空气达到 75％的相对湿度时，就会转变成干燥状态的"A"形态，如果相对湿度上升到 95％左右时，分子就会伸长 25％，成为"B"形态。

在她拍摄的照片中已经能够清晰地看出双螺旋的结构了。1953 年 1 月，威尔金斯将这张图片展示给了沃森和克里克。后来，沃森在回忆中也说道："看到这张照片时，我不禁兴奋地张大了嘴巴，脉搏也剧烈地跳动起来。"1953 年 2 月 24 日，富兰克林在研究笔记中记录了 DNA 分子三螺旋结构的构象，虽然这种三螺旋结构是错误的，但是它已经很接近最终的答案了。3月17日，她完成了关于DNA结构的论文草稿，她推断出DNA每10个碱基为一个周期，距离为34埃，螺旋直径为20埃……这些数据为沃森和克里克提出具体的双螺旋模型提供了实验依据。

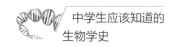

1956年夏天，富兰克林经历了好几次剧烈的疼痛，经检查，她得了卵巢癌。富兰克林在接下来的两年时间里动了三次手术，还尝试着接受了一些实验性的化学疗法。富兰克林于1958年去世，年仅38岁。

1962年的诺贝尔生理学或医学奖颁给了沃森、克里克和威尔金斯，以表彰他们在DNA分子研究方面的贡献，因为他们发现了核酸的分子结构及其对遗传信息传递的重要性。

克里克　　沃森　　威尔金斯

1962年诺贝尔生理学或医学奖获得者

由于诺贝尔奖不颁给已经去世的科学家，所以富兰克林没能获此殊荣。但是为了纪念她，英国皇家学会特地设立了富兰克林奖章。为了科学事业，富兰克林奉献了毕生的心血，终身未婚。

12.2 查伽夫规则与查伽夫的委屈

查伽夫是最先对艾弗里的实验和文章有所响应的生物化学家。查伽夫受过传统的科学教育，是一位语言上的天才，据他自己描述，他可以熟练地使用15国语言。同时，他也是一位有着鲜明个性的科学家，比如查伽夫常说他自己是误打误撞地走入了科学研究的殿堂。他宣称，对于生物化学专业，他始终是一个门外汉，是一个旁观者。

在看到艾弗里的研究论文之后，查伽夫决定研究DNA。在一开始，检测和精确测量复合物的方法刚刚出现，查伽夫立刻将这种方法运用到了测量DNA上。和同事通过几年的持续摸索，1949年他们一起发现了一种奇特的现象：四种不同的碱基在DNA中成比例出现，在相同物种的所有组织中，这种比例是恒定的，但是不同物种之间的差距却很大。1950年，查伽夫写了一篇综述，详细地批判了列文的四核苷酸假说，文章中有这么一段话，查伽夫将其讲给了前来拜访他的沃森和克里克，无意之中对DNA双螺旋结构的发现起到了推波助澜的效果，“然而值得注意的是，这不是偶然的，还没法做出结论。就是说在所有测量过的脱氧核糖核酸(DNA)中总嘌呤和总嘧啶的摩尔(即分子对分子)比值，以及总腺嘌呤对总胸腺嘧啶、总鸟嘌呤对总胞嘧啶的比值都很接近于1。”

1952年5月的最后一个星期，在剑桥，查伽夫与沃森和克里克碰了一次面，当时查伽夫已经是哥伦比亚大学的正教授，而沃森和克里克还是两个不出名的毛头小伙子。

查伽夫的想法给沃森和克里克以极大的启示。9 个月后，沃森和克里克构建了 DNA 分子的双螺旋结构，DNA 双螺旋结构模型参考了查伽夫对于碱基 1∶1 比例的设想，一条链上的腺嘌呤总是和另一条链上的胸腺嘧啶配对，鸟嘌呤总是和胞嘧啶配对。

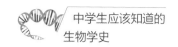

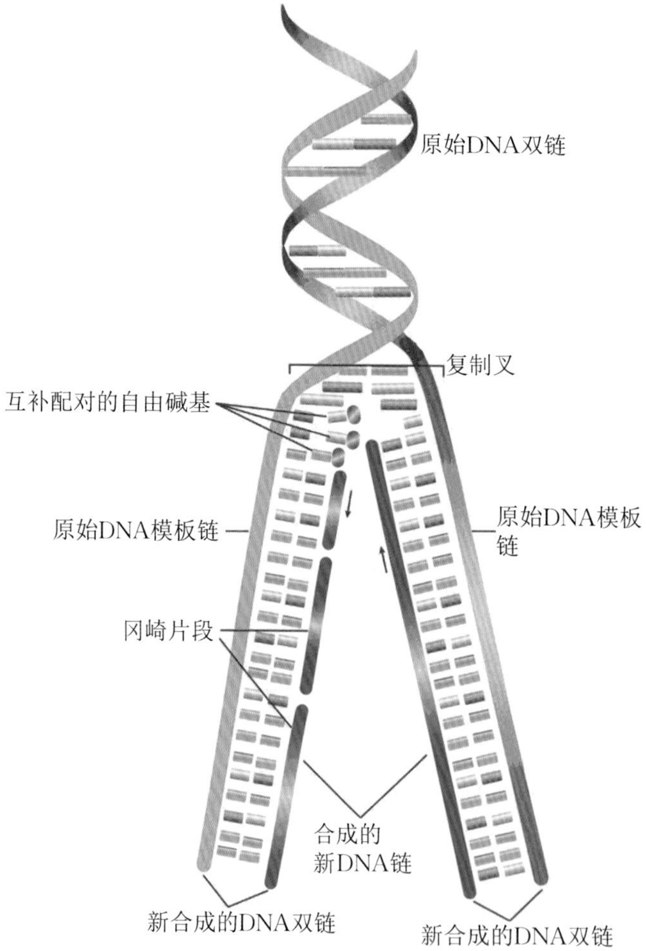

DNA 碱基嘧啶配对

查伽夫在他的回忆录中用了三页纸来描述了此次会面："我似乎是错过了令人颤抖的认识历史的时刻：一个改变了生物学脉搏节奏的变化……印象是：一个（克里克）35 岁，他有些生意人的模样，只是在闲谈中偶尔显示出才气。另一个（沃森）23 岁，还没有发育起来，咧着嘴笑，不是腼腆而是狡猾，他没说什么有意义的话。”

查伽夫接着写道：“我告诉他们我所知道的一切。如果他们在以前知道配对原则，那么他们就隐瞒了这点。但他们似乎不知道什么，我很惊讶。我提到了我们早期试图把互补关系解释为，假设在核酸链中，腺嘌呤总挨着胸腺嘧啶，胞嘧啶总挨着鸟嘌呤……我相信，DNA双螺旋模型是我们谈话的结果……1953年，沃森和克里克发表了他们关于双螺旋的第一篇文章，他们没有感谢我的帮助，并且只引用了我在1952年发表的一篇短文章，但没有引用我1950年或1951年的综述，而实际上他们引用这些综述才更自然。”

从文字中我们能够深深地感受到查伽夫的不满。实际上，他直爽的性格让他在沃森和克里克发表DNA双螺旋结构后没多久，就直接给克里克写了一封信，责备他们没有适当地引用他的工作。查伽夫一个最大的问题在于：他把DNA考虑成单链的，没有考虑分子是双链的可能性。如果没有双链作为前提，即使在知道碱基比例的情况下也很难去构建这种DNA双螺旋的结构模型。不过，从客观上来说，查伽夫在DNA双螺旋结构的发现上还是起到了积极的作用。

第13章 沃森与克里克的合作
——DNA双螺旋结构的构建

作为 20 世纪的伟大发现之一，DNA 双螺旋结构的确立成为了分子生物学诞生的标志。从此之后，分子免疫学、分子遗传学、细胞生物学等分支学科如雨后春笋般地纷纷诞生，从而加速了生命科学的发展步伐。

13.1 沃森与克里克的合作

沃森和克里克的合作可以说是生物学史上一个划时代的事件，他们两人之前的研究领域并没有交集，但是他们之间的合作却碰撞出了最耀眼的火花。1953 年是生物学史上极有成就的一年，这一年也是分子生物学的诞生之年，从此生物学正式步入了分子生物学时代，生物学的很多分支学科，包括植物学、动物学、细胞生物学、生物化学等学科的科学家都纷纷展开了分子角度的研究。

1951 年，沃森来到英国的卡文迪许实验室做博士后，主要从事肌红蛋白的研究。在这里,他认识了比他大 12 岁的克里克。这一次相遇,孕育了生物学史上的一次伟大变革。克里克和沃森相处得相当融洽,他们志趣相投,更重要的是,他们两人的研究领域正好互补。克里克在 X 射线晶体学研究上有着很深的造诣,同时他也拥有一定的生物蛋白质学知识。沃森来自著名的学术团队——艾弗里的噬菌体小组,他拥有丰富的噬菌体实验工作经验和细菌遗传学的研究背景。克里克是一位很有个性的人,用现在的话来说就是可能过于自我和狂妄自大,他的性格影响了他与其他人之间的合作,但是沃森却能够包容他的这个缺点,因为他更加看重克里克的工作能力和对科学的热情。如同细胞学说的提出者——施莱登和施旺的合作,施莱登偏执而又狂妄,但是与施旺的合作却是相当融洽。有些科学家身上独特的个性并不值得提倡,但是我们应尽量用宽广的胸怀去包容和接纳他们,不要苛求每一位科学家都是完美的,这才是我们对待真理应有的态度。

沃森在《双螺旋》一书中提及,克里克虽然从来不知道谦虚,但是自己和他很谈得来,同时他认为克里克是一位在当时就懂得 DNA 比蛋白质更为重要的人。

13.2 双螺旋结构的发现

1953 年 4 月 25 日,《自然》杂志发表了沃森和克里克发现 DNA 双螺旋的文章。这篇获得了 1962 年诺贝尔生理学或医学奖的论文并不长,只有薄薄的一页,但是这薄薄的一页纸却改写了生物学的历史,开创了现代分子生物学的先河。这篇解读人体遗传物质的论文被称为“人类有史以来伟大的 50 篇论文之一”。

沃森、克里克与双螺旋结构模型

客观地说，沃森和克里克获得这一殊荣的道路也是充满坎坷的。1951年11月21日，在伦敦举行的核酸结构学术讨论会上，富兰克林率先展示了一幅DNA螺旋结构的X射线衍射图，这是她拍摄的最清晰的一张DNA结构衍射图，她采用的样品是淬取自小牛胸腺的纯DNA样品。富兰克林和葛斯林发现了DNA的两种结构形式，一种是"A型"，另外一种是"B型"。富兰克林负责研究"A型"，威尔金斯则负责研究"B型"。这位威尔金斯后来和沃森、克里克一同获得了1962年诺贝尔生理学或医学奖。

"A型"结构在生物体中很少存在，大部分DNA的结构都是"B型"。因此，也许从"A型"结构交给富兰克林，"B型"结构交给威尔金斯的那一刻起，结局就已经注定了。现在我们知道DNA的结构共有三种，分别为“A 型”“B 型”“Z 型”。其中“A 型”和“B 型”是 DNA 的两种基本结构，均是右手结构，“Z 型”比较特殊，是左手结构。总的来说，“A 型”结构比较粗短，碱基倾角大，“B 型”适中，“Z 型”细长。人体中的 DNA 大多是“B 型”结构。

沃森和克里克受到富兰克林这幅衍射图的启发，开始着手构建 DNA 的结构模型图。他们首先构建的是 DNA 三螺旋结构，也就是三条不同的 DNA 链相互缠绕在一起形成的螺旋模型，富兰克林犀利地指出他们的模型在结构上有很多缺点，比如结构不稳定，含水量与实际测量结果间存在很大的误差。因此这一模型刚面世就宣告失败。

这次模型构建的失败，对两人来说都是一次极大的打击，两人甚至都有些心灰意冷。在随后半年里，克里克回归到自己的蛋白质课题研究中，沃森也开始了关于烟草花叶病毒 RNA 的研究。关于 DNA 结构模型构建的事情就被暂时搁置了起来。

1952 年 6 月的一天，克里克在一次茶会上遇到了年轻的科学家格里菲斯。格里菲斯告诉克里克，他已经完成了 DNA 中碱基互补吸引配对的计算。这次深入的交谈又一次激起了克里克继续研究 DNA 结构的热情，克里克立刻联系了自己的老搭档沃森。也许是源于对 DNA 结构的痴迷，抑或是对于未知结构探索的渴望，沃森很爽快地答应了克里克的邀请，两人再一次联手，准备开始迎接新一轮的挑战。

1952 年 7 月，克里克和沃森拜访了奥地利生物化学家查伽夫，这位“大咖”在 DNA 结构解析的历史中占据着重要的地位，甚至还有以他名字命名的查伽夫规则。他明确地告诉沃森和克里克，不同种类的碱基在总量上完全符合 1∶1 的比例关系，也就是说四种碱基分别是互补配对的。这意味着两人距发现 DNA 双螺旋结构仅剩最后一层窗户纸了。

1953 年 1 月，沃森再次来到了伦敦国王学院，拜见了生物学家威尔金斯，从这位科学家的口中，他听到了富兰克林报告的全部内容。而此时威尔金斯依然偏爱 DNA 三螺旋结构，他始终认为这个模型最符合 DNA 的密度值，但他一直无法解释三螺旋结构所面临的包括结构稳定性、含水量等在内的一系列问题，因此威尔金斯的研究走入了死胡同。

威尔金斯研究的主要是“B 型”结构 DNA，这种 DNA 的结构是人体中最常见的，因此威尔金斯应当是最容易观测到 DNA 双螺旋结构的人。但是他却始终坚持以 DNA 三螺旋结构来开展研究，这使得他的思路完全封闭，很难再去接受 DNA 双螺旋的模型结构。

在查伽夫规则的影响下，沃森和克里克彻底摒弃了 DNA 三螺旋结构的思路，开始思考双螺旋结构是否更适合。按照双螺旋结构建立模型的过程出乎意料地顺利，双螺旋结构完美地解释了包括稳定性、含水率、衍射图在内的绝大多数问题。因此这一结构逐渐地被沃森和克里克认可。

1953 年春夏之交，沃森和克里克一共写了四篇关于 DNA 结构与功能方面的论文，第一篇顺利地发表在《自然》上。紧随其后，威尔金斯、斯托克斯、威尔逊、富兰克林和葛斯林也发表了两篇论文。五个星期后，沃森和克里克又在《自然》上发表了第二篇论文，这次的主题是讨论 DNA 双螺旋的遗传意义。可以说这两篇文章奠定了他俩在分子生物学研究中的鼻祖地位。

在文章发表前夕，也就是 1953 年 3 月 22 日，沃森给自己的导师德尔布鲁克写了一封信，并附上了他投给《自然》杂志的文章草稿。他在信中详细地介绍了这种双螺旋结构的证据，但是在信件的结尾，沃森还是表达了对这种结构的些许担忧：“我对我们的 DNA 结构感觉很奇怪。如果它是对的，很明显我们应该快速继续往前走。但是，却又很难抛开和忘记核酸并把精力集中在生命研究的其他方面。虽然巴黎在我访问过的城市中是最迷人的,但在巴黎时,后面一种情绪完全主宰着我。”

沃森的导师德尔布鲁克虽然对他构建的模型还存在着一些质疑,但是他在回信中还是给予了积极的答复:“我的感觉是,如果你的结构是正确的,如果它提出的复制本质具有有效性,那么所有的困难就会迎刃而解,理论生物学会进入一个最激动人心的阶段。只有其中的一部分会涉及化学、分析和结构,更重要的部分将会给在过去40年走上死路的遗传学和细胞学上的许多问题一个崭新的观点。”

德尔布鲁克也将沃森的观点写信告诉了自己的导师尼尔斯·玻尔,他在信中提到,他认为生物学界发生了十分重要的事情。沃森的发现可以与1911年卢瑟福发现原子结构模型的成就相提并论。而凑巧的是,在卢瑟福提出自己的原子模型时,尼尔斯·玻尔是曼彻斯特大学卢瑟福实验室的一个年轻学生。

有人说DNA双螺旋结构的发现就像是哥伦布发现了新大陆。其实两者之间存在着极大的不同,因为生物学研究除了自身的实力之外,还要受很多因素的制约,包括实验经费、实验技术、运气等。沃森在提及这段历史时曾经说道:“发现DNA双螺旋结构,部分是我的幸运,部分是正确的判断和灵感以及持之以恒的勤奋。”

克里克和威尔金斯于1916年同年出生,2004年同年去世,他们与中国的交集并不多。但是,另一位科学家沃森小他们12岁,他与中国结下了不解之缘。1981年沃森首次访华,并在2006年、2008年、2010年、2012年多次访华。在2008年清华论坛上,他发表了“学涯六十载、求知重重路”的演讲,当被问到一名成功的科学家需要具备哪些素质时,沃森说道:“要有好奇心,要有强大的求知欲,要为之付出努力,并勇于面对困难的挑战,更重要的是对自己研究的领域充满兴趣。”

13.3 神奇的遗传密码子

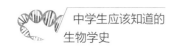

我们要想读懂人类基因这本“天书”，就必须先了解书写这本书的文字。

天书上的文字叫作密码子，组成人体的基本元素——碱基有四种：腺嘌呤(A)、鸟嘌呤(G)、胞嘧啶(C)和胸腺嘧啶(T)。

要用这四个基本元素来书写遗传天书，就必须有不同的组合。其实这本书很简单，密密麻麻的全是这四个字母，就像一长串由 A、T、C、G 组合形成的字符。如 AACGTACCTTACCCTTCGATCGATGGTCTGTGACCAGGCCCCCTTAGTCGTGTGTCGTCAGCTGTGCTACCTGTATACTTTG CTTACTA……想要理解这串字符，我们就要仔细地去分析字母间是如何组合起来的；两个字母的组合代表什么意思，这有 16 种可能，分别是 AT、TA、AC、CA、AG、GA、CT、TC、CG、GC、TG、GT、AA、CC、GG、TT 组合；三个字母的组合又代表什么呢？这就产生了 64 种可能(这里就不一一列举了)。除此之外，还存在着一些起始的密码子和终止的密码子。

人体基因的天书包含约 30 亿个字母，其数量竟然接近全世界人口数量的一半。这么繁杂的内容中有很多都是没有实际编码作用的，有编码作用的只有约 10 万个基因，并且这些基因分散在这 30 亿个字母中。

那么我们如何去识别它们呢？这就要利用到起始密码子和终止密码子了。起始密码子起到释放开始信号的作用，人体自身的阅读机制在遇到起始密码子之后就会立刻开启，进行转录和翻译，这也说明之后一长串的字母是我们要阅读的基因，我们需要对三联体密码子分别进行转录和翻译，一直阅读到终止密码子结束。

也许有人要问了，真正有用的基因只有10万多个，那为什么人体基因的天书中还需要那么多"无用"的字母呢？

人类在进化的过程中，无时无刻不受到外在环境的影响，比如外界的辐射、病毒的破坏、自身的突变等。同时人类自身还在不停地变化着，也就是说密码子会有一定的概率发生突变，如果有用的基因序列产生突变，就会对我们的后代和身体健康造成很大的影响。如果在有用的序列之外存在大量的无用基因，那么在基因受到外界环境影响、发生突变的情况下，便可以有效地保护有用的基因，使之少受伤害，保持基因的稳定。这正是大自然的伟大之处！

13.4 如何解读生命天书

在人类DNA双螺旋结构模型建立之后，生物学家便立刻开始尝试去破译人体中的遗传信息。这个想法很大胆，也很有挑战性。人体的DNA大约有30亿个碱基，就像天书一般，因此破译人体中的遗传信息又被戏称为"解读天书"。

解读天书的最终实现得益于人类基因组计划。这个计划最先是由美国能源部提出来的，他们当时的目的是想了解在第二次世界大战时投放的原子弹的核辐射究竟会对日本广岛和长崎的居民产生多大影响。

在此之前，美国能源部的工作人员一直在苦苦思考用什么样的指标来衡量这个影响，当人类基因组计划出来后，这个指标变得清晰了。

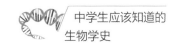

比如，他们可以对幸存下来的人的基因编码顺序进行分析，然后再对比分析他们父辈及后代的基因编码顺序，看究竟在哪些基因链的哪些段落发生了变化，这样就可以清楚地了解核辐射对人类的影响了。

1984 年 12 月，美国能源部在犹他州盐湖城召开研讨会，准备着手分析人类的 30 亿个碱基密码，而这 30 亿个碱基密码中蕴含了 10 万个有用的基因。因为基因都隐藏在长串的密码中间，而每个基因又是由很多密码构成的。这 30 亿个密码中有用的，也就是构成基因的，只是其中的一小部分，其他的绝大多数碱基并不起任何编码作用，我们把这些不编码基因的密码称为内含子。这个名字很形象，就是含在其中，却没有什么具体的作用。其实，现在认定它们没有具体的作用还为时尚早，它们也有很重要的作用，比如它们的大量存在，可以降低有用基因的突变概率，起到有效的缓冲和保护作用。

1986 年，诺贝尔奖获得者美国科学家杜尔贝科提出："如果我们希望更多地了解肿瘤，必须将注意力集中于细胞基因组，从测定基因组的核苷酸序列着手。"

这一计划的提出其实有很多的现实原因。主观上，我们希望能够通过对人类基因组序列的解读，找寻到相关的遗传疾病的治疗方法；客观上，当时的 DNA 测序技术日趋成熟，PCR 技术、DNA 杂交技术、分子克隆技术、寡聚核苷酸合成技术……都为测序工作的开展提供了技术支撑。

这项工作完全可以媲美人类登月计划，所以它又被称为人类生命史上的"登月计划"。1989 年，美国国家卫生研究院正式成立了人类基因组研究中心，由当时冷泉港实验室负责人沃森教授——DNA 双螺旋结构的发现者之一，担任第一任中心主任。1990 年，美国国会批准了这一宏大的工程，并且拨款 30 亿美元用于人类基因组 30 亿个碱基的全序列测序，整个项目计划耗时 15 年，从 1990 年到 2005 年，史称人类基因组计划(Human Genome Project，简称 HGP)，计划通过三个步骤——绘制连锁图(遗传图)、绘制物理图和基因组测序来实现这一目标。

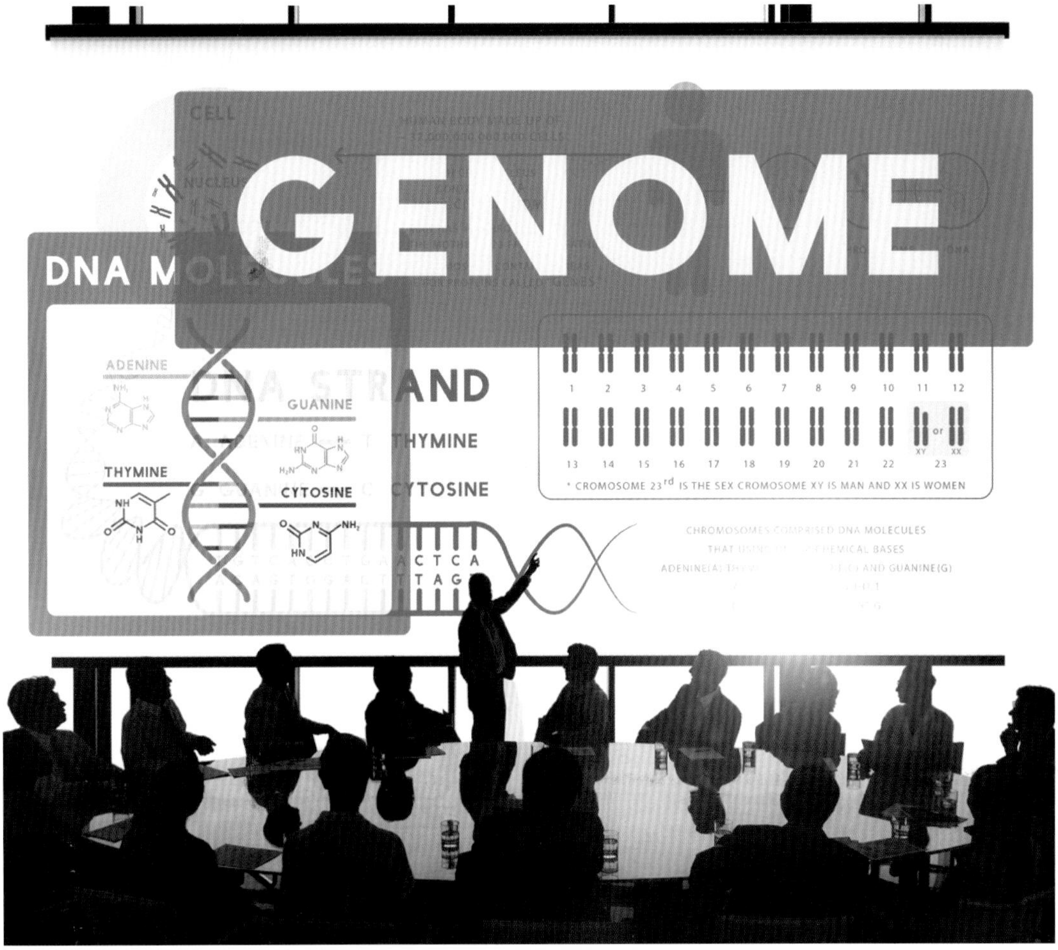

人类基因组计划

人类基因组计划是 20 世纪末最伟大的人类科学工程，整个计划由美国、英国、日本、法国、德国和中国 6 个国家的 1100 名生物学家、计算机专家共同完成。1999 年，中国加入该计划，并承担了人类 3 号染色体短臂上约30Mb区域的测序任务，这一部分约占整个人类基因组计划的1%。

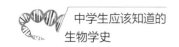

在这里，我们要介绍一位重要的科学家——被称为“生物鬼才”的美国塞莱拉公司首席执行官文特尔和他的测序法。

这种方法利用限制性内切酶以剪切力、超声波等物理手段对基因进行切割，把要测定的目标基因切成若干小的片段，然后将这些片段与载体质粒结合，再通过筛选将重组后的目标DNA分离、回收。

这种方法大大地提高了基因的提取效率，但是由于目标基因相对于整个基因组来说太少太小，因此在相当程度上还是需要靠运气，所以这种方法就被称为“鸟枪法”或“散弹枪法”。

1997年，距项目启动已经过去了整整7年，原先计划的时间已经过半了，但是人们才完成了整个测序计划3%的工作量。在这个时候，文特尔站了出来，他成立了赛莱拉基因公司。他对外宣称，他可以凭借公司一己之力，在无政府投资的情况下比多国科学家团队更快地解码人类基因组，但是手握资源的多国政府机构并没有把文特尔和他的公司放在眼里。

这种“鸟枪法”通过将整个基因组随机地打乱，然后切割成不同长度的片段，之后对每个小片段进行单独测定，再将数据汇总，利用计算机进行这些片段的排序和组装，最终确定整个基因的顺序和它们在基因组中的位置。

“鸟枪法”有着其他技术无法比拟的优点，比如速度快、操作简单、成本相对较低，但是最主要的问题在于后期的拼接处理相对繁琐。通过设计计算机软件，人们最终克服了这一困难，这样“鸟枪法”就完全能够应用于实际测序中。

赛莱拉基因公司利用这种技术成功地完成了果蝇和人类基因组的测序工作，并且远远地将多国的科研团队甩在身后。

最终,人类基因组研究中心在克林顿的撮合下,与文特尔展开合作。在合作之前的7年里,他们只完成了整个测序计划的3%,用了文特尔的方法后,短短3年就完成了90%,并且在2001年年初完成了99%的人类基因组草图。

接下来让我们详细地了解一下人类的染色体。无论男女,每个人都有23对染色体,其中22对是男女共有的,叫作常染色体。剩下的1对决定了个体的性别,所以叫作性染色体。男性的性染色体是1条X染色体和1条Y染色体,女性的性染色体是2条X染色体。Y染色体比X染色体个头小了很多,只有X染色体的一半大。也许有人会问,该怎样区分这些形状不确定的染色体呢?我们可以将其染色,并将它们在显微镜下伸展开来,然后固定、拍照,再根据形态大小来进行分类。人体的每对染色体都有自己的编号,这样就不会出现混乱了。

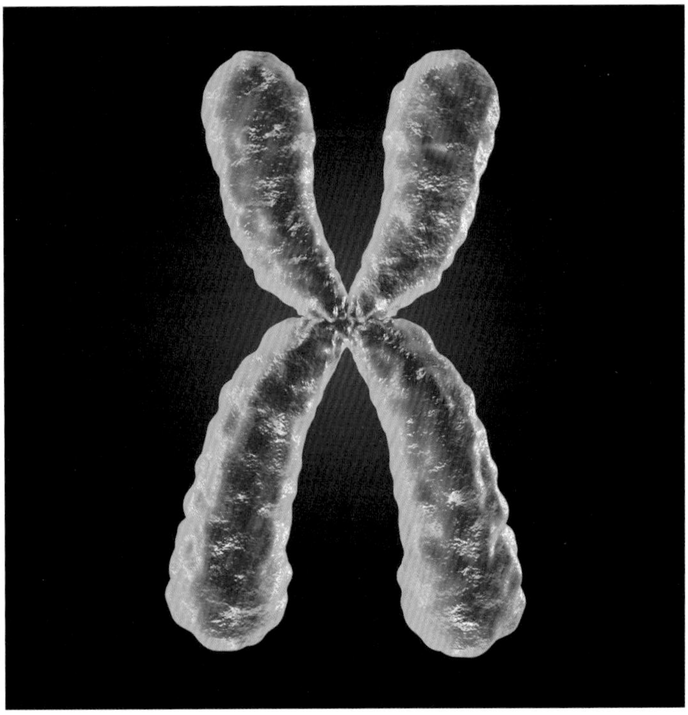

染色体

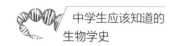

每个染色体都控制着不同的基因，进而控制着不同的外在表象。因此人类基因组计划把染色体分给不同国家的研究中心，然后汇总具体的结果，最后进行信息的全世界共享。

2005年，人类基因组计划的测序工作全部完成。取得这一成绩是全世界多个国家的科研中心通力合作的结果。至此，人类初步了解了我们自己的生命之书。然而书中的具体含义还需要我们逐字逐句地认真解读，只有这样才能真正地认识我们自己。

第14章 从预成论和渐成论谈起
——人类的遗传病

从古代的预成论和渐成论开始，人类的起源问题就成为了重要的话题。随后，人类又发现了大量的遗传疾病，那么这些疾病是如何发生的呢？

14.1 预成论和渐成论的巅峰对决

在科技极其不发达、各种迷信思想和言论泛滥的古代，人和动物的诞生和发育过程一直是人们关注的焦点。教会希望学术界提出的相关学说能够为宗教服务，成为维护宗教权威的工具，但是与他们的想法不同，科学家们希望能够真正客观地了解其中的奥秘。

谈到生殖和发育，必须要提到一个关键性的人物——希波克拉底（前 460—前 370）。他是一位有点传奇色彩的科学家，他用 20 多个鸡蛋敲开了最原始的胚胎研究的大门。

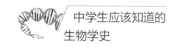

其实想了解人类或者动物胚胎的发育过程,我们需要了解这些胚胎每天的发育变化。当时没有显微设备,没有透视设备,更别说核磁共振、B超、隧道扫描电镜、冷冻电镜等高科技手段了,那么要了解胚胎每天的发育情况该怎么办呢?

希波克拉底想出了一个绝妙的办法,他拿来20多个鸡蛋,让很多只不同的母鸡同时进行孵化,并从孵化的第二天开始,每天打碎一个鸡蛋,以观察鸡蛋在不同的阶段会发生哪些具体的变化。这种方法其实并不科学,因为不同的鸡蛋属于不同的个体,希波克拉底并不能保证他拿来的这些鸡蛋都是同步发育的。但是通过这种原始的方法,他发现了胚胎的发育有着独特的步骤和不同的形态变化,于是他结合自己的发现写成了《幼体的特性》一书,这本书被视为胚胎学的开山之作。

18世纪,预成论在科学界占有极高的统治地位。什么叫预成论呢?我们可以引用古代哲学教父级人物塞涅卡的一段话来表述:"精子里面包含着要形成的人体的每一部分。在母体子宫里的胎儿已经具有了有朝一日要长着的须发的根基。在这一小块东西里面,同样已具备了身体的雏形以及后代子孙身上的其他应有的一切。"简单地说,就是无论是精子还是卵子,其里面都存在一个小小的人。科学界最为经典的一幅伪科学图画就是哈特索克所画的一张微型小人图,即一个精子里面蜷缩着一个微小的人。

哈特索克还做了一个推算,他计算出上帝创世的时候,第一代兔子要达到多大的体积,它的肚子里才能容纳下开天辟地后的所有兔子。他的学说迎合了当时的教会理论,因此得到了极大的推崇。

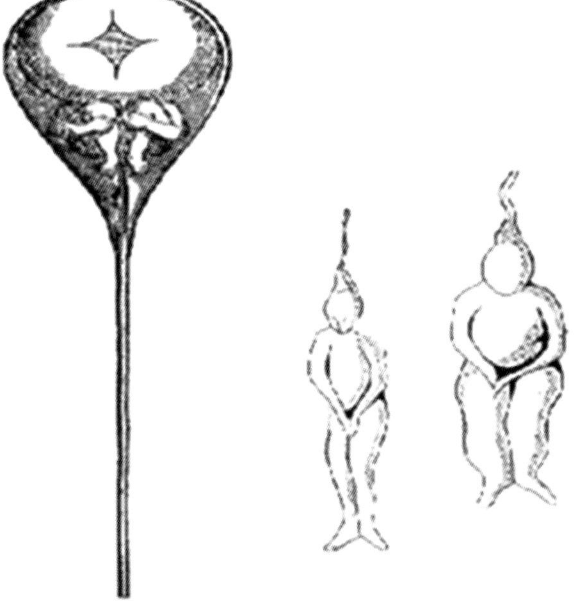

哈特索克的精源论

在预成论中还存在着不同的派别，一个是以哈特索克为代表的精源论，另外一个是以哈勒和邦尼特为代表的卵源论。卵源论的观点认为，事先存在的微小个体是在卵细胞中，而不是在精子细胞中。当时的生理学家哈勒对鸡卵进行了研究，他坚信卵细胞中存在着个体发育成熟所必需的一切基本物质。这两派将大量的精力放在了在学术刊物上进行争辩，却没有把关键的精力放在最应该放的地方——实验室，他们都没有通过实验给出令对方信服的答案。光依靠口头上的论战，没有事实的依据，很难说服对方和广大民众，只能是打打嘴仗罢了。其实也难怪，这样的伪命题无论如何是不可能得到实验验证的。卵源论从本质上来说和精源论没有任何的区别，他们的共同点都是认为生物体的雏形事先已经完全形成，细微的差别仅是形成的场所不同——一个在卵细胞中，另一个在精细胞中，仅此而已。

追根溯源，其实卵源论的思想起源于一位在科学史上有着重要贡献的科学家——列文虎克。在之前的内容中我们介绍过他的主要贡献，他在显微镜制作和微小物体观察上的地位无人可以撼动。列文虎克在观察一些昆虫进行无性繁殖的时候，发现某些特殊的昆虫不需要受精就可以完成繁殖，即只要有雌性的昆虫，不需要雄性的昆虫就可以繁殖出下一代。他根据这一观察到的现象认为，生物体都可以通过雌性动物的卵直接发育而成。在当时的科学条件下，人们无法了解动物无性繁殖的真相，而列文虎克是根据实验观测到的结果进行相关推测的，他的说法赢得了很多支持者。

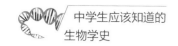

如果说精源论和卵源论的争执只算是内部矛盾的话，那么预成论与渐成论的分歧就应当是敌我矛盾了。

在预成论发展得如火如荼的时候，德国哲学家沃尔弗对这一观点产生了质疑。沃尔弗从小就对哲学满怀兴趣，他认为任何事情的发生都应该有着充分的理由，无中生有是荒唐可笑的。1759 年，沃尔弗发表了一篇有关发生理论的论文，他认为生物的发展是逐步进行的，是渐变的，不存在所谓的事先就已经形成的预成体，这也成为了胚胎学发展史上的一块里程碑。但是沃尔弗渐成渐变的观点并不符合教会的主张，所以在当时被完全忽略了。当时的人们普遍用神学的眼光来看待生命和科学，所以他的观点并没有唤醒科学界的同仁和宗教控制下的民众。

沃尔弗以小鸡的生长为例，他认为小鸡是由含有小泡囊的物质小块形成的，这种小块预先并不含有身体的结构或者部分，只是在后来逐步形成了管道系统……他极力想证明的是小鸡胚胎的血管并不是在孵化初期就存在的。虽然他的很多观点在现在看来并不正确，但是他能在当时预成论泛滥的情况下坚持渐成的观点着实难能可贵。毕竟，能够抵御住教会和其他顽固科学派的诋毁和进攻，是需要超出常人的勇气和毅力的！

14.2 精子与卵子的结合

其实在很早之前，古人就对生男生女有着自己的见解，其中就包括著名的科学家亚里士多德。亚里士多德(前384—前322)是一个传奇式的人物，他在各个方面都有所涉猎，甚至在多个方面成为了当之无愧的领军人物。在当时，他的很多观点已经达到可以左右科学发展进程的程度，对于他所坚持的观点，很多人都会跟风认同。

亚里士多德在生男生女方面也提出了自己的观点。他认为，在生儿育女的过程中，胚胎是在子宫中由月经血凝结形成的，男子的精液在胚胎选择中起到了至关重要的决定性作用。当男子精液质量好的时候，就会生出男孩；当男子精液质量不好的时候，生出来的就是女孩。同时代的希波克拉底则认为，不论是人还是动物，后代的性别都取决于母亲的卵巢。生男孩由母亲右侧的卵巢决定，生女孩则由母亲左侧的卵巢决定。另外一位科学家、西方医学的奠基人盖伦也认同这一错误的观点。他在前人理论的基础上还有所发挥，认为男性的睾丸在生男生女的过程中起着决定性的作用，其中生男孩由右侧的睾丸决定，生女孩由左侧的睾丸决定。

现在看来，这些观点是可笑的，但是在当时，这些大师级别的人物都是这么认为的，普通民众是没有办法去辨别的，只能把这些观点当作事实去接受。

他们的观点中有一个重要的共同点，那就是都觉得右侧代表的是男孩。这一点很有意思，右侧的睾丸和右侧的卵巢控制着男孩，这在当时是得到社会公认的。因为在亚里士多德和盖伦的年代都

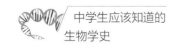

是以右为尊，在当时男性至上的大环境下，这也是一件顺理成章的事情。

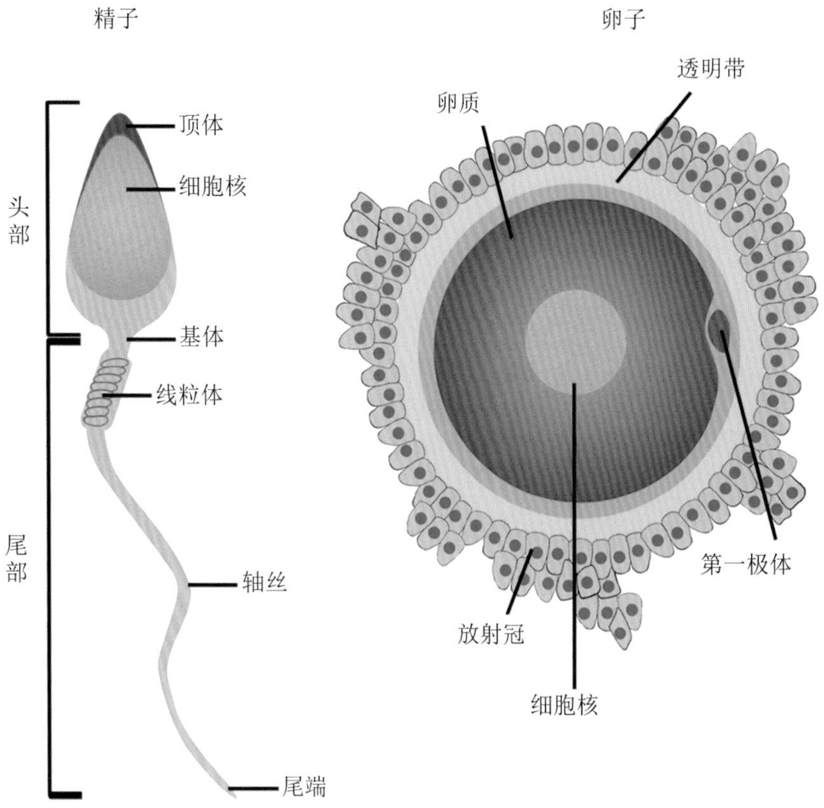

精子和卵子的结构

女性的卵子数量是有限的，一位女性一生最多只能够产生 400 个能真正发育成熟的卵子，每隔一段时间(约 28 天)就会排出一个卵子，如果卵子在排出的过程中没有遇到精子，那么这个卵子就会逐渐死去直到被排出体外。如果卵子在存活期遇到了精子，那么精子和卵子就会结合，形成受精卵。精子在尾部鞭毛的甩动下逐步向卵子游动，精子的活力主要取决于尾部鞭毛甩动的速度。当精子的头部进入到大自己很多倍的卵子中后，就会触发卵子内部的化学反应，发生融合。融合后的卵子表面就会发生一系列的变化，其中最主要的是卵子的外层会形成一层屏障，阻碍其他精子的进入，保证受精卵的唯一性。

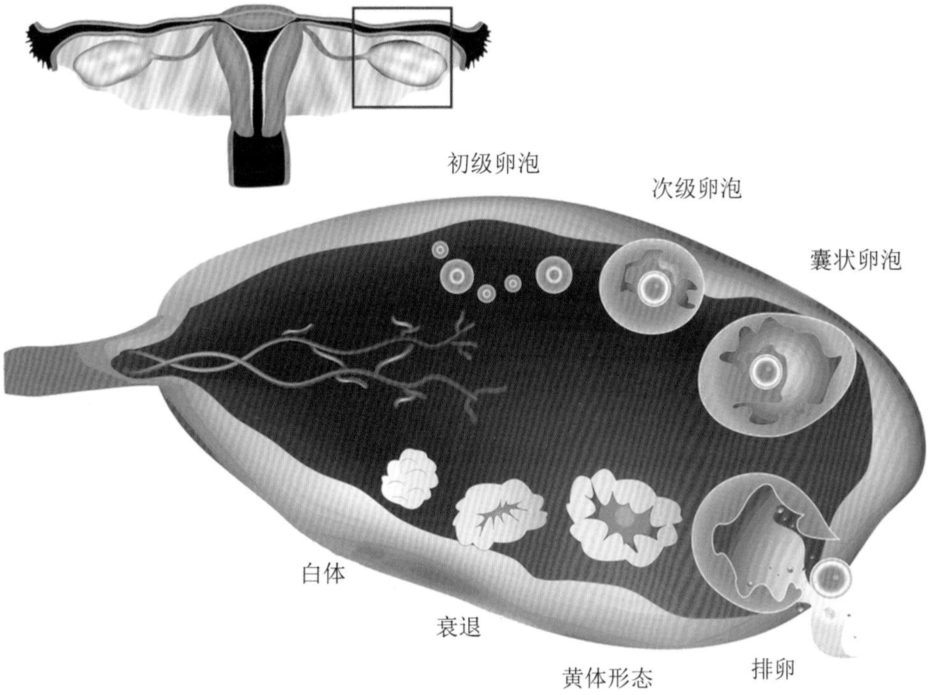

卵巢和排卵过程

在胚胎的发育过程中，我们还要注意一个很重要的问题。俗话说，"十月怀胎，一朝分娩。"人的胚胎发育时期是指从受精开始到第八周末胚胎形成的这段时间，从第九周开始就是形成器官的时间，第十周是胎儿形成各种重要器官的时间，在这期间准妈妈们一定要注意身体健康，不要因病毒感染而生病，不给病毒侵染胎儿的机会。前八周的胚胎发育特别容易受到外界环境的影响，所以说怀孕初期的三个月是最关键的三个月，准妈妈们一定要多加注意。

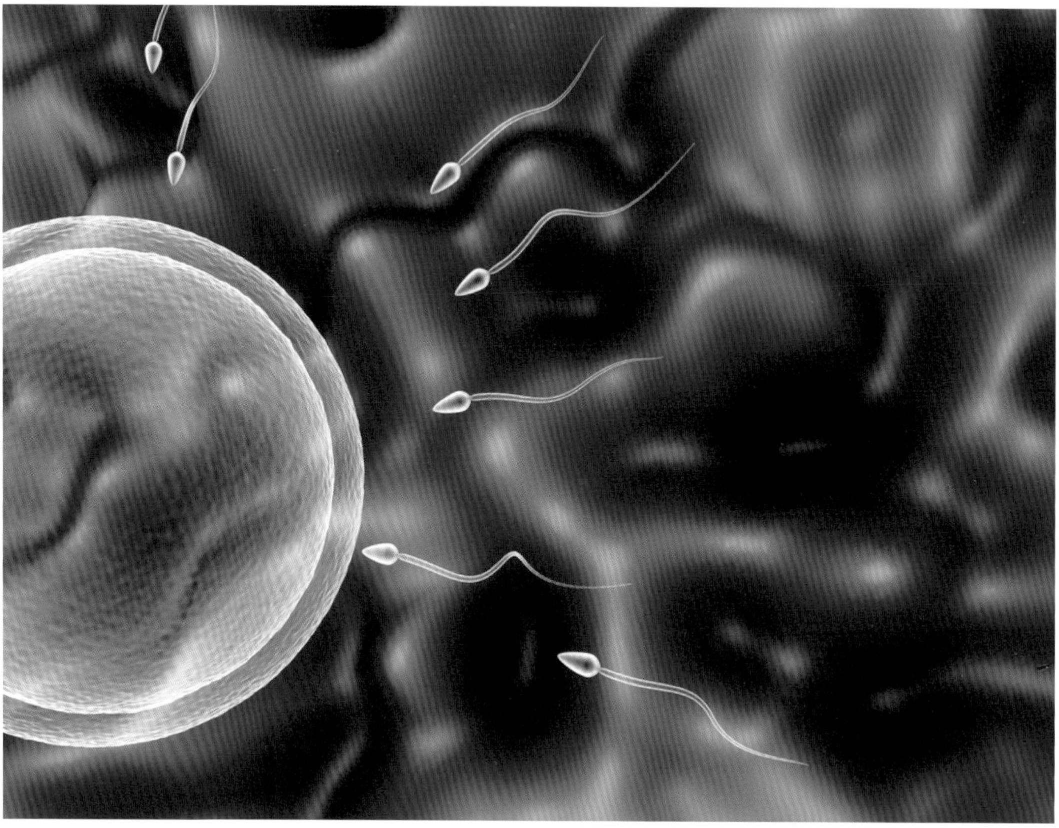

精卵结合

14.3　对人类遗传疾病的认识

关于人类遗传病的记录最早可以追溯到古希腊希波克拉底时代之前,当时的人们已经意识到有些疾病可以在某些家族中不断传递给下一代。在1500年以前,犹太教法典中对于易出血者(血友病人)的某些男性亲属就免除了割礼仪式。当时的人们可能并不清楚血友病的具体发病原因,但是他们已经认识到了血友病的遗传规律。

18世纪，Maupertuis研究了多趾和白化病病人的家谱，指出了这两种病症都有着各自不同的遗传方式。

在孟德尔遗传学定律被再次发现以后，很多学者开始尝试用孟德尔遗传定律来解释各种遗传病，部分病例得到了圆满的解释。

1859年，Boedker首次确诊了尿黑酸尿症，因为在患儿尿液中存在大量的不能被分解的尿黑酸，尿液会在空气中氧化成黑色。患儿在出生后的头几周就会出现神经发育迟缓的现象，最终变得痴呆。这是世界上最早报道的先天性遗传代谢病，但是他却并不清楚其中的发病原理。1901年，Garrod描述了4个尿黑酸尿症家族、共11个患者，其中的3个患者，其父母是表亲。Bateson认为，表亲由于有着共同的外祖父母，因此他们有着更加接近的遗传因子，因此在携带有隐性因子的表亲婚配后，其子女患病的可能性大大增加。1903年，Farabee指出短趾为显性性状，这是关于人类显性遗传病的第一例报道。对于大多数疾病来说，遗传因素和环境因素都起着重要的作用。

目前已经鉴定出的人类遗传疾病有2000多种，这些遗传疾病可能会对人体产生极大的危害，防治遗传病成为基因工程研究的重要课题。

遗传性疾病是指遗传物质，包括基因、染色体改变所引起的疾病，而且有可能传递给下一代。遗传病目前包括染色体畸变的遗传病、基因突变的遗传病、多基因遗传病。其中基因突变的遗传病包括常染色体显性遗传病和常染色体隐性遗传病、性染色体显性遗传病和性染色体隐性遗传病。

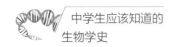

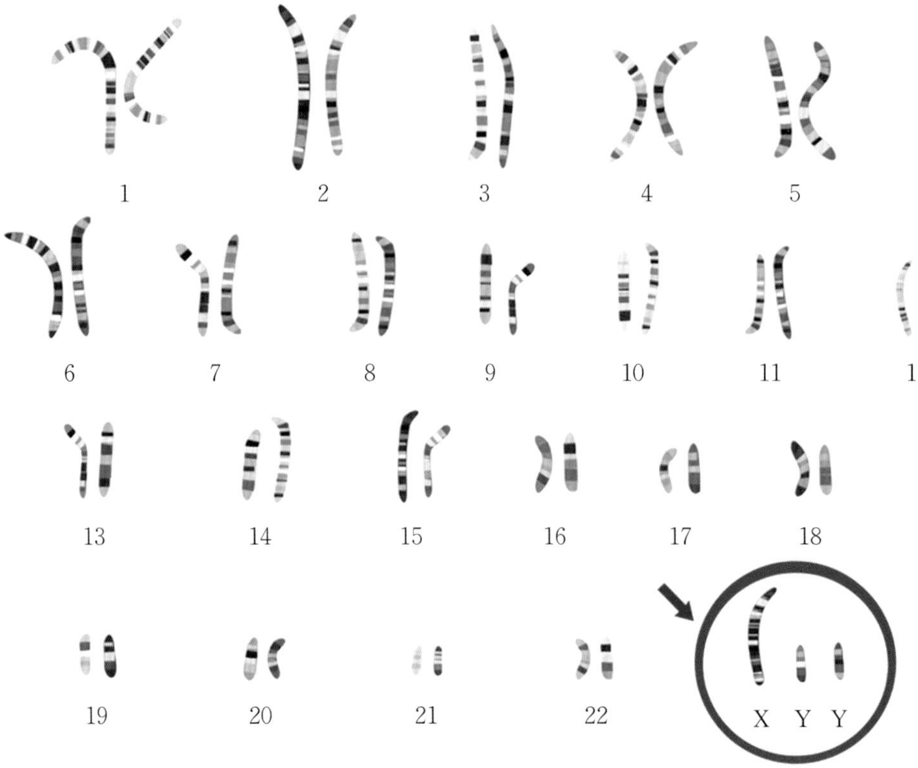

超雄综合征染色体图谱

14.4 人类基因组计划与遗传病

大多数遗传病都是先天性的疾病，也就是婴儿在出生时就会显示出症状的疾病，包括尿黑酸尿症、血友病、唐氏综合征……但是也有很多疾病在婴儿刚出生时没有任何的外在表现，直到一定的年龄才会发病。比如肌营养不良症要到儿童期才会发病，亨廷顿舞蹈病要到25岁至45岁发病，痛风在30岁至35岁发病……

20世纪50年代以来，随着生物化学、细胞遗传学、免疫学、分子遗传学等实验手段的不断发展，有关人类遗传疾病的研究才得以迅猛的发展。

2003 年 4 月 14 日，美国人类基因组研究项目首席科学家 F. Collins 博士在华盛顿宣布，人类基因组序列图绘制成功，人类基因组计划所有目标全部实现。这也标志着后基因组时代的完全来临。

开展人类基因组计划研究的直接动因是要解决包括肿瘤在内的多种人类遗传疾病的分子遗传学问题。通过基因图谱的构建，从根本上来解决各种基因疾病，包括心血管疾病、代谢疾病、免疫性遗传疾病……我们希望能找出相关的致病基因。在基因图谱绘制之前，我们的研究思路是通过外在遗传现象的表征找到相关的蛋白质，然后通过蛋白质找到其背后的基因。但是在计划完成之后，出现了定位克隆的新思路。这些全新思路下的尝试，包括囊性纤维化、亨廷顿舞蹈症、遗传性结肠癌、遗传性乳腺癌等一批重要的遗传疾病的位点被发现，为下一步的基因诊断以及未来的基因治疗奠定了基础。

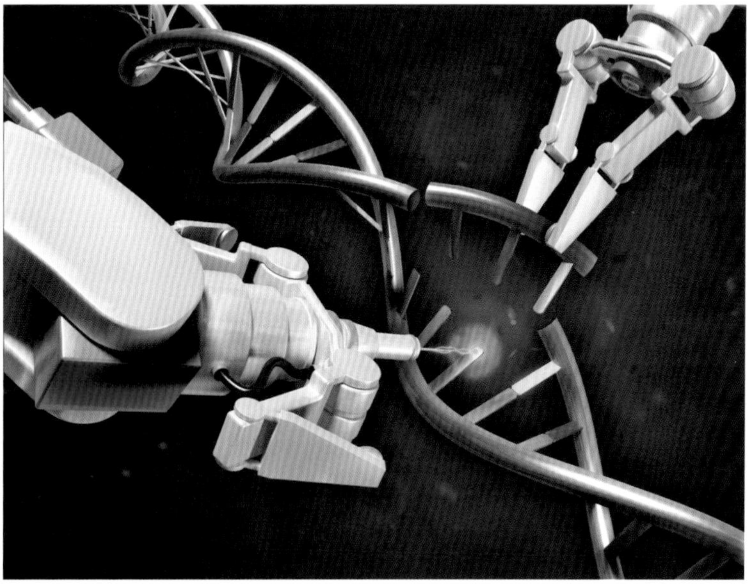

基因修复

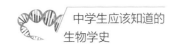

当某个遗传病的位点被定位后，我们就可以从局部的序列图中遴选出结构、功能相关的基因进行分析。

14.5 操纵人类基因

孟德尔和摩尔根的遗传学定律为我们揭示了人类遗传的本质，同时也展现了单独某个基因发生突变，或者几个等位基因中的一个或几个基因发生变化后，会出现某些遗传疾病。但是更多的时候，我们的寿命、智力、肌体等是多种基因相互作用的结果。我们也要纠正一些不准确的概念，比如长寿基因，这种说法并不准确，这种基因只是和长寿相关，所以应该称为长寿相关基因，而且基因、环境与人类遗传病之间也保持着一种微妙的平衡关系。

这就是人类优生学实验始终是研究禁区的原因，我们可以用现在的实验技术去破坏这个平衡，但是我们无法预料的是：一旦我们打破了多基因协同作用之间的平衡，会不会出现我们无法控制的结局？会不会放出潘多拉魔盒中的魔鬼呢？

在分子遗传学的作用被再次发掘之后，重组 DNA 的方法又一次引起了轰动，科学家开始研究通过分子遗传学手段治疗遗传疾病的可行性。

但是，这种治疗手段一直面临诸多的质疑，因此在长达 20 年的时间里，并没有进行相关的实验。曾经有美国科学家计划进行相关的实验，但是未获批准。他们退而求其次，在德国和以色列进行基因治疗尝试，但都是在没有得到批准的情况下开展实验，最终都遭到了政府的严厉惩罚。

直到1990年9月,美国国立卫生研究院顾问委员会才批准了基因治疗首次在临床上试用。病人是一位缺少了腺苷脱氨酶基因的女婴,她患有重度联合免疫缺损综合征,几乎丧失了全部的免疫反应,这导致新生儿必须生活在完全清洁的环境中,并且很容易过早死亡。因此抱着姑且一试的心态,顾问委员会才批准了这项治疗方案。

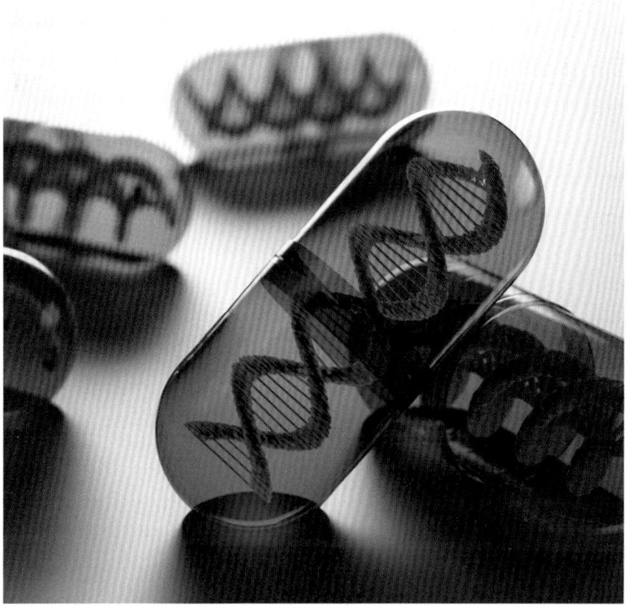

基因治疗

随后,这种基因治疗方案逐渐地被社会认可和接受。至1995年6月,重组DNA咨询委员会批准了106例临床治疗方案,有597名病人做了基因移植实验。美国国立卫生研究院每年都花费2亿美元研究基因治疗。1995年美国国立卫生研究院院长、诺贝尔奖获得者、逆转录病毒专家瓦尔姆斯指定了一个专门的委员会调查基因治疗,在当年12月,他们得出了相关结论:人们对基因治疗的期待和展望是很大的,但在这个时期,在任何方案中,临床治疗效果都还没有得到明确的证明,虽然有宣称说在批准的100多个方案中有成功的案例,但是基因治疗仍存在着严重的问题。在基础水平上的主要困难包括:对所有现在的基因转移载体的缺点和对这些载体与其宿主之间的生物学相互作用一无所知。

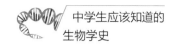

基因治疗给人类带来了一个重大的机遇和挑战——我们该如何利用它为人类造福,同时最大限度地规避它可能带来的遗传风险和伦理学方面的问题。目前相关的讨论一直没有得到学术界公认,我们也无法全面地进行相关的科学实验。可以说,道路是曲折的,前景是光明的!

第15章　绘画大师海克尔

——生态学的肇始

“生态”的概念是由海克尔率先提出的。海克尔在生物进化论的广泛传播上起到了极其重要的作用，他认为：生态学是研究生物有机体与其周围环境，包括生物环境和非生物环境之间相互关系的一门科学。

15.1　生态学的发展阶段

由于生态学长期“无所不包”，且与具体问题脱节的特点，关于生态学究竟是什么，它的主要研究对象是什么等问题一直没有得到合理的解释。

生态学自诞生之日起，经历了三个主要的发展阶段。第一个阶段：1869年至20世纪60年代，这个阶段是生态学描述阶段；第二个阶段：20世纪60年代至80年代，这一阶段主要是实验生态学发展阶段；第三个阶段：20世纪80年代至今，这是现代生态学发展阶段。

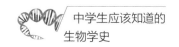

其实学术界还存在着按照两个阶段进行划分的模型，但是不管怎么说，20世纪50年代之后进入现代生物学兴起的阶段，这一阶段主要研究生态系统的相关内容，研究内容也逐渐从个体水平逐步转移到种群和群落水平上。

希腊学者亚里士多德在公元前4世纪曾粗略地描述动物的不同类型的栖居地，并按动物活动的环境类型将其分为陆栖和水栖两类，按其食性分为肉食、草食、杂食和特殊食性类等。公元前3世纪，雅典学派首领赛奥夫拉斯图斯在其植物地理学著作中已提出类似于今日植物群落的概念。中国古代也有着很多朴素的生态学启蒙观点，农学家贾思勰的《齐民要术》等记述了朴素的生态学观点。

瑞典博物学家林奈首先把物候学、生态学和地理学观点结合起来，综合描述外界环境条件对动物和植物的影响。

到了近代，1927年，英国生态学家 Elton 认为生态学是科学的自然历史。1954年，澳大利亚生态学家 Andrewartha 认为，生态学是研究有机体的分布与多度的科学。强调对种群动态研究的美国生态学家 E. P. Odum 在其著作《生态学基础》的引言中提出："从长远来看，对这个内容广泛的学科领域，最好的定义可能是最短的和最不专业化的，例如环境的生物学。"他发展了系统生态学，并认为生态学是研究生态系统的结构与功能的科学。

现代生态学已经超过了纯生物学的范围，并且把人和环境的关系列入具体的研究对象之中。

伴随着自然科学、社会科学和生态学的有机结合，逐渐出现了数学生态学、物理生态学、化学生态学、地理生态学、生态伦理学等分支学科。

15.2 从生态学到分子生态学

海克尔提出“生态学”概念之后，生态学并没有引起人们的普遍重视。海克尔提出这一概念，也源于他对达尔文进化论的消化与引申，海克尔认为环境在自然选择的过程中影响巨大。

达尔文提出生物个体生长发育与环境有着密不可分的关系，但是他的观点只是朴素的生态观，当时遗传学没有发展起来，所以仅仅是从宏观的角度对生态学进行了阐释。

实际上进化论和遗传学始终是相关的，进化的动力与遗传存在着密切的关系，很多的进化现象需要用遗传的理论来进行解答。比如在英国工业化时期出现的桦尺蛾工业黑化现象，就充分展现了野生种群个体间的变化与遗传以及环境之间的关系。

桦尺蛾属尺蠖蛾科，在19世纪中叶以前记载的桦尺蛾都是灰色的，栖息在灰色的地衣上，不易被鸟类发现啄食。1848年，黑色的桦尺蛾首次被发现。随着工业化的发展，大量煤烟污染物杀死了地衣，树干也被熏黑，这时黑色成了保护色，灰色的蛾子便容易被鸟类大量捕食。因此从1850年至19世纪末的50年间，灰色桦尺蛾的概率由95%以上降低到不到5%，而黑色桦尺蛾的概率则由1%上升到95%以上。

实验表明，工业黑化现象并非定向诱变的结果，因为用煤烟熏灰桦尺蛾的体表并不能使其变黑并遗传下去。事实上，桦尺蛾群体中存在着多种形式的突变体，其中就包括体表颜色变黑。在工业化过程中，灰桦尺蛾因不适应环境而被淘汰，黑桦尺蛾因为适应环境而被保存下来并繁殖后代，可见黑蛾取代灰蛾的现象是自然选择了某种遗传突变体的结果。

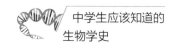

这也是生态遗传学的内容，涉及生态学研究的方方面面，包括地理杂交种的研究等。

1953年，伴随着沃森和克里克发现DNA双螺旋结构，人类进入了分子生物学研究阶段，分子生态学也逐渐兴起。分子生态学就是利用分子生物学的方法来解决生态学的问题，中国在分子生态学的研究上起步相对较晚，但是目前已经在加速追赶中。

15.3　全球化的生态系统损害与人口增长

在当今的社会环境下，全球化已经成为一种趋势。纵观整个地球的演化历史，曾经发生了多次全球范围内或者局部范围内的生态变化。至今，我们对这种自然环境的变化还存在着诸多疑问。

在这种背景下，生态学被赋予了更加复杂的意义。加上人类的活动，我们对于生态环境的影响比以往任何时候都要更加巨大。核扩散、病毒传播、生化危机等诸多的不安因素就像是悬在人类头上的达摩克利斯之剑。

目前，人类的生存与发展面临着诸多的问题，如生物受害与生态系统的损害。从生态系统到每个物种，对气候变化的反应各不相同且非常复杂，受全球变化导致的生物群落的变动远比我们预想的要严重得多。

据英国《观察家报》2002年2月题为“全球变暖和世界重要陆地生态系统的物种损失”的文章披露：世界野生动物基金会的科学家预言，

堪称大自然瑰宝的全世界115个最有科学价值的野生动物栖息地将有85%因为气候变化而遭到毁灭，从而使其中20%的物种灭绝。受害最为严重的可能是加拿大的北极苔原，俄罗斯树木繁杂的乌拉尔山针叶林，智利、阿根廷和玻利维亚安第斯山脉中部的干冷高原，蒙古的干草原，印度和尼泊尔两国东北部的热带稀树草原，非洲南部的高山硬叶灌木群落。

除此之外，全球变暖以及随之而来的冰川融化和海平面升高都是无法回避的重大问题。全球有三分之一的人口居住在离海岸线不足60千米的地区，沿海海平面的上升会导致全球性的灾难。目前全球的平均气温已经比工业革命之前升高了0.7℃，全球变暖的趋势日趋明显。科学家预测，在未来的25年内，全球温度将比工业革命之前高出1℃；在未来的50年内，全球温度将提高2℃。

中国的内陆冰川也受到了极大的影响。天山山脉在过去40年中冰川体积减小了22%。通过对青藏高原生态地质环境遥感调查与检测，专家们发现，青藏高原的生态环境在过去30年间呈现出明显恶化的趋势，而且青藏高原出现了大面积的冰川消退。

面对人口的增长以及经济的发展，人类的活动和各种潜在的威胁对于生态环境的影响越来越大。美国学者莱斯特·R.布朗早在1977年就将“安全”概念引入生态环境中，他认为伴随着科技的发展，国与国之间的关系对于安全的威胁会越来越小，而来自人类和自然与生态之间的危险会越来越大。世界环境与发展委员会也把环境安全提升到了前所未有的高度。

人口对生态的影响是极其巨大的。因为人口的增长是呈几何级数的，如果不对庞大的人口进行相应调控的话，其很快就会达到环境的负荷极限，造成各种危机和恐慌，如环境污染、能源危机、粮食短缺等。

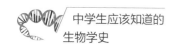

从生物学角度来说，每个社会的人口结构都有着自己的特征，其中有很多种模型结构，包括金字塔形结构、倒金字塔形结构、纺锤体形结构、哑铃形结构等，其中纺锤体形结构是最为稳定的，纺锤体两端代表的儿童和老人数量较少，而中间的适龄人口最多，呈现向两头递减的人口结构趋势，这种人口结构模型是我们所期待的。而现在中国的人口结构正好是倒金字塔形结构，顶部老年人的数量较多，中部适龄人群的数量比较少。现在我国施行二孩政策，促使人口结构保持稳定，无疑有利于环境的稳定和保护。

15.4 避免生态悲剧

1962 年，美国海洋生物学家卡森撰写了《寂静的春天》一书，这本书在波士顿出版后很快轰动了全世界。她在书中描绘了一个“听不见鸟鸣的”小乡村，在这个小村庄中发生了让我们扼腕叹息的事情，人类用自己的科学知识，用新的科技产品 DDT（一种有机氯杀虫剂）污染着自己赖以生存的环境，无论是陆地还是海洋，天空还是地底，到处都充斥着大量的污染物，最终人类毁灭了自己。

卡森出生于宾夕法尼亚州，1932 年在霍普金斯大学获动物学硕士学位。1936 年，卡森以水生生物学家的身份成为美国渔业管理局第二位受聘女性。1941 年，卡森出版了第一部著作《海风下》，这是她“海洋三部曲”的开篇之作。在书中她记录了北美东海岸海洋动物的行为及其生存和死亡的现象，一年四季，周而复始，生命轮回。1951 年，她又出版了三部曲中的另一本著作《我们周围的海洋》，连续 86 周荣登《纽约时报》最畅销书籍榜，并获得自然图书奖。而她最富危机感的作品

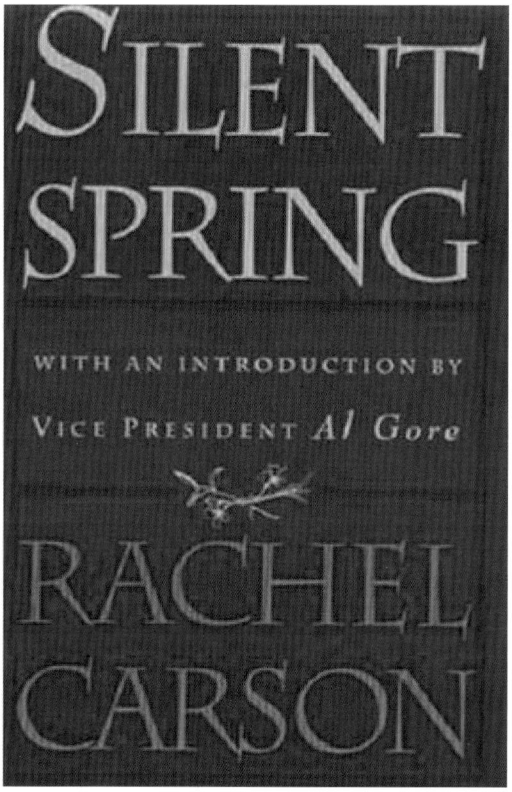

《寂静的春天》封面

就是《寂静的春天》，在这本全球销量超过 2000 万册的作品中，她用理性的笔调展现了对生命极其敬畏的人文情怀，表达了对环境污染的担忧。卡森的这本著作是划时代的，在此之前，环境是我们消费的对象，而在此之后，环境才逐渐成为被保护的对象。1972 年，美国宣布禁止使用 DDT，同年联合国在斯德哥尔摩召开了"人类环境大会"，各国签署了《人类环境宣言》；之后《生物多样性保护公约》《臭氧层保护公约》《气候变化框架条约》等国际公约不断出台，各国政府积极展开行动保护环境。如果人类再不行动起来，那肯定会像书中描述的那样，春天里就不再有燕子的呢喃、黄莺的啁啾，田野将变得寂静无声……

在田野中使用 DDT 真有这么大的危害吗？这绝非耸人听闻！因

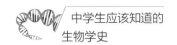

为地球是一个完整的生态系统，在这个生态系统中，有生产者、消费者和分解者。人类处于生物链的顶端，我们的生产和活动方式影响着整个环境的稳定。当我们在田野中使用 DDT 时，DDT 会在环境中累积，同时也会被植物所吸收，食草动物或人类食用这些植物后，这些 DDT 就会进入生物体内。这种化学药品是很难分解的，会逐渐在生物体内富集，长此以往，就会给生物体的机能带来负担、损害，当我们意识到的时候也就为时晚矣。这也提醒我们，应该合理、科学地去利用科技，同时要对我们赖以生存的环境多加保护，否则最终将会伤害我们人类自己。

另外一个人类行为导致生态环境急剧恶化的例子就是切尔诺贝利核电站泄漏事故。

切尔诺贝利核电站位于乌克兰北部，距首都基辅市 130 千米，是苏联修建的第一座核电站。切尔诺贝利曾经被认为是最安全、最可靠的核电站。1986 年 4 月 26 日，由于操作人员违规操作，核电站第 4 号机组在进行半烘烤实验时突然失火，引起爆炸。事故导致 32 人当场死亡，大约有 1650 平方千米的土地被辐射。上万人由于放射性物质的长期影响而死亡或者罹患重病，当地至今仍有畸形儿出生。爆炸导致 8 吨多强辐射物质泄露，尘埃随风飘散，致使俄罗斯、白俄罗斯和乌克兰许多地区遭到核辐射污染。专家称，消除切尔诺贝利核泄漏事故的后遗症需 800 年，而反应堆核心下方的辐射自然分化要几百万年。白俄罗斯国家科学院的研究成果称，全球共有 20 亿人口受到切尔诺贝利事故的影响。这是人类历史上最严重的生态污染事故。虽然这次事故已经过去了 30 多年，但是它造成的生态环境破坏仍将持续漫长的时间，这也给了人类一次严重的警告，使用科技的同时必须严格评估和把控科技风险，否则最终受害的必然是人类自己。

灾后的普里皮亚季幼儿园

实际上,“生态安全”的概念要广泛得多,包括环境资源安全、生物与生态系统安全以及自然与社会生态安全,同时人口数量也会对环境产生一定程度的影响。我们希望能在生态环境与经济发展中寻求一个平衡点,使人类社会能够实现可持续发展!

第16章 穆利斯与PCR技术
——生物技术的发展

无论有多么惊奇的发现或者重大的突破，最关键的还是技术上的创新。“工欲善其事，必先利其器。”这样才能在后期的工作中做到方便和快捷。

我们不是唯技术论者，但是技术变革带来生产力的解放、科技的腾飞，这是不争的事实。在诺贝尔奖的评选中，凡获得重大突破的科学进展很多都需要有实验的支持，这既是对理论的考验，更是对实验技术的考察。让我们从几个事例中一窥究竟。

16.1 DNA测序技术的发展

在沃森和克里克的DNA双螺旋结构建立之前，学术界尚未认定DNA就是遗传物质的载体，普遍认为通过测序蛋白质和RNA可能会更快捷地解密人类的遗传奥秘。由于当时的科学界对于遗传物质的归属问题尚未达成一致，揭秘蛋白质或者RNA分子中蕴含的遗传信息便成为当务之急,所以在 DNA 测序技术出现之前,蛋白质和 RNA 的测序技术就已经出现。

最早被测序的核酸分子是丙氨酸 tRNA,这项工作是由诺贝尔奖得主美国生物学家霍利完成的。1922 年,霍利出生在美国伊利伊诺州,他的父母都是教育工作者;1942 年,霍利从伊利伊诺大学毕业;1947 年,霍利在康奈尔大学获得有机化学博士学位。他一直对生命现象感兴趣,所以最初他选择从事自然产品的有机化学研究。随着研究方向逐渐向生物方面靠拢,从研究氨基酸、蛋白质到研究蛋白质的生物合成,最后他的研究集中到了 RNA 上,尤其是酵母丙氨酸转移 RNA。在这个分子身上,霍利倾注了 10 年的心血,先是把丙氨酸转移 RNA 提纯出来,然后研究 RNA 的结构,最后对这个分子进行测序。霍利使用的测序思路和桑格测胰岛素的思路一样:先对 RNA 分子进行部分酶切,然后用离子交换柱分离 RNA 片段,再对小的 RNA 片段进行碱基测序。1965 年,他在《科学》上发表了关于酵母丙氨酰-tRNA 序列的 76 个核苷酸序列测定的文章,这一系列的工作让他赢得了 1986 年的诺贝尔生理学或医学奖。在 20 世纪 60 年代,RNA 序列测定技术便先发展了起来,DNA 测序的最早尝试也是借鉴了此方法——小片段重叠法,这种方法也是霍利研究成果的衍生。

另一位对测序产生重大影响的人物是英国科学家桑格,桑格研究小组也对 RNA 测序进行了研究。通过同位素标记和纸层析两项技术,他们找到了更快捷的方法。RNA 分子特别适合用磷 32 标记,而且双向纸层析比离子交换层析要省力得多。应用这种新方法,桑格实验室的布朗利测出 120 个碱基的 5S 核糖体 RNA,它是当时被测序的最大的 RNA 分子。RNA 测序积累起来的相关实验经验,对桑格研究小组随后研究 DNA 测序技术起到了重要的铺垫作用。

因为蛋白质结构和 RNA 结构比 DNA 结构简单,进行测序的步骤和难度也相对较小，所以蛋白质与 RNA 测序技术成为了 DNA 测序的前奏，相关实验技术的发展为 DNA 测序研究进行了先期探索，并提出了合理的思路，避免了不必要的重复，为 DNA 测序奠定了基础。

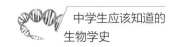

早在 20 世纪 50 年代，关于 DNA 测序的研究就已经开始了，包括用化学降解的方法测定 DNA 片段，用多聚核糖核苷酸链降解法来降解 DNA 等，但是由于测定方法不成熟、操作手段复杂等原因，相关方法并未得到广泛运用。

美国数学家、应用物理学家 M · 克莱因曾经说过："一个人要能足够敏锐地从纷乱的猜测和说明中整理出前人有价值的想法，有足够的想象力把这些碎片重新组织起来，并且足够大胆地制定一个宏伟的计划。"

在生物学历史上，英国科学家桑格就扮演了这样一个角色，他完成了最艰难的总结和冲刺，第一个将 DNA 测序方法系统化和标准化。

1918 年 8 月 31 日，桑格出生在英国格洛斯特郡的一个富裕的家庭。他在剑桥大学学习时接触到了生物化学，立刻对它产生了浓厚的兴趣，从此他将自己的全部精力都投入其中。1943 年，25 岁的桑格获得了剑桥大学的博士学位，直至 1951 年，他一直在学校从事着生物化学的研究工作。桑格自 1938 年开始研究胰岛素，他发明了一种方法用来标记 N 端氨基酸，这项新技术得到了同行们的认可，此后他得到了医学研究理事会的赞助并继续进行研究工作。经过 10 余年的不懈努力，桑格在 1955 年测定了牛胰岛素的蛋白结构序列，为今后在实验室合成胰岛素奠定了基础，同时也促进了蛋白质结构的研究。因为桑格在蛋白质测序过程中的杰出贡献，他获得了 1958 年的诺贝尔化学奖。

对蛋白质分子测序的成功激发起桑格解读大分子 DNA 序列的决心。从 1975 年开始，桑格逐渐将自己的精力转移到 DNA 测序的研究上。他和科学家库尔森一起发明了测定DNA序列的加减法。两年之后，他在之前的研究基础上，继续改进实验方法，通过引入双脱氧核苷三磷酸形成双脱氧链终止法，使得DNA测序的稳定性得到大幅提升。这种方法令核酸模板在DNA聚合酶、引物、单脱氧核苷三磷酸存在的条件下进行复制，依靠引入双脱氧核苷掺入链的末端使之终止或者引入单脱氧核苷使之继续延长。实验结束后可以得到一系列长短不一的片段，相邻的片段长度相差一个碱基，通过比较不同的核酸片段，利用放射自显影技术就可以一次阅读出不同的碱基排列顺序。通过这种方法进行测序实验步骤简单，同时误差较小，所以后来很多与之相关的测序技术改进都是在此基础上进行的，桑格开辟了最行之有效的测序方法。

桑格与吉尔伯特、伯格共同获得了1980年的诺贝尔化学奖，桑格成为第四位两次获此殊荣的科学家，这是科学界对其测序研究成果的肯定。桑格的方法为日后人类基因组计划的完成提供了最快捷的方法。和桑格同时获1980年诺贝尔化学奖的还有吉尔伯特和伯格。吉尔伯特用不同的思路对DNA序列测序，同样取得了成功。

吉尔伯特于1932年3月21日出生在美国波士顿，他的父亲是哈佛大学的经济学家，同时也是政府的一名经济顾问，他的母亲是一位儿童心理学家，总是拿吉尔伯特和他妹妹作测验，测试她的理论和想法。在父母的影响下，他和妹妹从小就喜欢阅读，高中时他对无机化学产生了兴趣。1949年，在高中的最后一年，吉尔伯特又迷上了核物理学，他经常逃课，去国会图书馆翻看相关的书籍。他的高中校长曾经预言，吉尔伯特将会是一个“给我一根杠杆，我就能撬动地球”式的人物。高中毕业后，吉尔伯特进入哈佛大学攻读化学和物理学。

在读完一年的研究生课程后，他转学到了英国剑桥大学，在那里拿到了物理学博士学位。之后他回到哈佛大学发展，两年后成为物理系的助教。虽然在20世纪50年代后期，吉尔伯特一直从事着理论物理的教学，不过他的研究兴趣早已转移到了实验领域。

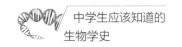

美籍华裔科学家吴瑞教授在测序技术的发展史上也占有着相当重要的地位，他提出了新的引物延伸的测序序列：先将引物定位，然后用此引物来延伸和标记新的DNA。后来桑格的DNA快速测序法和穆利斯的PCR技术都是以这种测序技术为基础发展起来的。

1928年8月14日，吴瑞生于北京。1948年7月，吴瑞跟随母亲前往美国与父亲团聚。抵美后的暑假期间，吴瑞先去加利福尼亚大学伯克利分校进修德文，秋季开学后又去阿拉巴马大学插班上四年级。他读书特别用功，学习成绩很优秀。1950年，他在取得化学学士学位后，随即进入宾夕法尼亚大学生物化学系，师从威尔逊教授攻读博士学位。在学习期间他同时担任助教，学业和工作均进行得井井有条，他发表了3篇研究生物合成等问题的论文，并于1955年获得了博士学位。

博士毕业后，吴瑞在Damon Runyon癌症研究基金的资助下，来到美国东海岸的纽约市公共卫生研究所，开始博士后研究。短短几年内他便在相关领域发表了近20篇论文，并在博士后期满后成为该所的正式雇员。

1967年，吴瑞和其领导的科研小组对DNA测序技术展开全面研究，他利用天然存在的引物模板系统——大肠杆菌的λ噬菌体DNA的黏性末端作为引物，对黏性末端的DNA序列做了深入的研究。功夫不负有心人，1970年，历经3年多的潜心探索，吴瑞在世界上首次成功地对λ噬菌体DNA的序列进行了解读，成功解决了以前人们认为无法解决的技术难题。他们的研究成果发表在1971年5月的《分子生物学》杂志上，他的开创性工作创立了能定位的引物延伸方法，促进了分子测序技术的发展。

吴瑞创建的能定位的引物延伸法在进行 DNA 核苷酸顺序测定并取得成功后,引起了科学界的重视。1973 年,桑格沿用这一方法,改进了用聚丙烯酰胺凝胶电泳系统对标记的 DNA 进行分析的技术,并于 1975 年建立了 DNA 测序的加减法,其中的减法主要就是利用了吴瑞的方法;1977 年,桑格又在加减法的基础上发展出双脱氧法,这种测序方法速度更快、更便利,并成为当今 DNA 分析的主要方法。不仅如此,生物学家穆利斯采用引物延伸的方法,于 1985 年建立了 PCR 技术,该技术可以在试管中快速获得数百万个特异 DNA 序列的拷贝,是当今分子生物学研究中被广泛应用的一项技术。因此,一些科学家称吴瑞教授为"诺贝尔级科学家"。

维纳在《控制论》中写下过这样的名言:"到科学地图上的空白地区去做适当的勘察工作,只能由这样一群科学家来完成,他们每个人都是自己领域中的专家,并且对其邻近的领域都有十分正确和熟悉的知识。"可以说 DNA 测序技术的建立就是一群科学家协同努力的结果,他们的工作相互联系,互相提供思路和借鉴,使得 DNA 测序技术不断出现重大的突破。大量的基因序列信息被揭开,加快了分子生物学的发展。

16.2 盘旋的公路与 PCR 技术

印度裔美国科学家科拉纳早在 20 世纪 50 年代就已经合成了寡聚核苷酸,他利用体外合成的寡聚核苷酸合成酶以及 DNA 进行扩增。这一技术在当时被同行广泛使用,但是这项技术不能够严格地控制温度,对 DNA 聚合酶活性的影响巨大,所以仅能合成少量 DNA,同时扩增率很低。根据自身多年的实验经验,科拉纳当时提出了两个重要的观点:一个是DNA暂且不能定序,另一个是寡聚核苷酸体外合成相当困难。他的这种论断没有明确地提出DNA可以解聚后再复合的观点,并且他认为DNA不能定序的观点也是错误的。

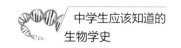

1971年,科拉纳又提出了核酸进行体外扩增的新想法,他认为可以通过DNA的变性,与合适的引物进行杂交,然后用DNA聚合酶来延伸引物,同时通过不停地循环进行该过程来扩增DNA。科拉纳提出了一个大胆的假设:在体外实现体内的生物学复制反应。但是当时尚没有相关的实验手段可以借鉴,首先,有较强稳定性的DNA聚合酶并没有被发现,因为在循环反应的过程中必须要加热到几十摄氏度的高温才能促成DNA的聚合,在这种温度条件下,非耐高温的DNA聚合酶都会变性失效,达不到聚合的效果;其次,测序技术不成熟,合成适当的引物又相当困难,因此体外DNA的合成仍处在手工、半自动合成的阶段。科拉纳的这种思路仅仅是一种大胆的设想,并不能付诸实践,所以这个方案一直被搁置。

取得突破性进展的是美国科学家穆利斯,他于1944年12月出生在美国北卡罗来纳州南岭山附近一个偏僻的农村中,他从小就对生活中的事物充满着好奇并且乐在其中。穆利斯的爸爸会在晚上带着穆利斯坐在厨房中,一边喝着啤酒一边告诉他加利福尼亚州的一些故事,这个习惯一直伴随着他。后来父亲去世后,穆利斯还经常独自一人自斟自饮,思考问题。穆利斯的高中生活是在哥伦比亚度过的,在那里他遇到了自己的第一任妻子理查兹,他在佐治亚工业学院化学系工作期间结了婚,他在工作中学到了很多有用的实验技术以及数学、物理和化学知识。1966年,穆利斯和妻子一起来到加利福尼亚大学伯克利分校,并在1972年获得加利福尼亚大学伯克利分校生物化学博士学位。

1979年,穆利斯进入西斯特公司,从事DNA的合成工作。穆利斯个性独特、不善合作，虽然他在实验室里与其他人常有矛盾，但是他在生物实验方面的天赋还是得到了大家的认可。1983 年的 4 月到 5 月的一天，穆利斯一边在盘旋的公路上开车，一边在思考着如何解决这种体外复制的难题。突然盘旋的公路和 DNA 双螺旋的相似性激发了他的灵感，让他想到一种可以在体外复制 DNA 的方法模型，于是他开始收集和整理资料。穆利斯通过不断改变温度，诱发 DNA 链的变性解链与复合，通过加入引物、DNA 聚合酶、脱氧核糖核苷酸……不断模拟重复着体内的复制过程。这是一块相对空白的领域，他决定进行相关的实验。经过近 3 个月的准备，1983 年 8 月，穆利斯在西斯特公司做了关于 PCR 技术的学术报告，但是与会者都不相信这种在体内复杂环境和相应的酶催化环境下进行的精密反应体系能够在体外实现复制，这让穆利斯感到沮丧。现实中的不被认可并没有打消他继续尝试的信心。

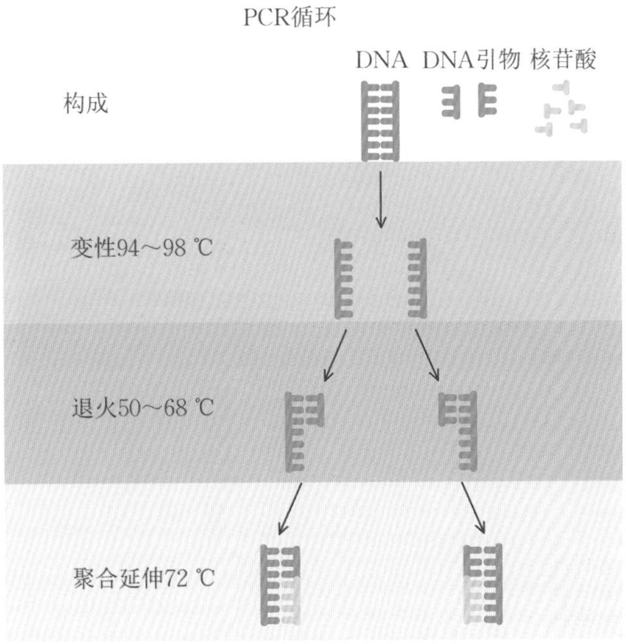

PCR 反应原理

1983 年 9 月，他和相关的几个实验员，利用人体 DNA 作为模板，抱着试试看的心态进行了世界上第一次 PCR 实验，编号为 PCR01，同很多人预想的一样，实验没有成功。1983 年 10 月，他进行了第二次实验，编号 PCR02，仍然没有成功。现在看来，实验的失败是多种因素造成的，包括选用的模板、实验室的温度、复制的环境、催化酶的活性等。1983 年圣诞节前后，穆利斯又进行了一次 PCR 实验，改用了模板相对简单的 pBR322 质粒，随后又使用了噬菌体作为模板，实验结果有所改观但仍不理想。1984 年 1 月，穆利斯用自己合成的长寡聚核苷酸作为模板，扩增人的 β 珠蛋白基因的 58 个碱基对，实验终于取得了重大突破。功夫不负苦心人，穆利斯执着地完成了扩增技术史上的革命。

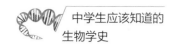

西斯特公司决定让穆利斯成立独立的 PCR 实验研究小组，专门进行 PCR 技术的开发研究。

PCR 技术应用

1984 年 11 月 15 日，PCR 实验终于获得了成功，1985 年 3 月 28 日，西斯特公司申请了关于 PCR 技术的第一个专利。同年 9 月 20 日，一篇关于 PCR 技术应用的文章投稿到《科学》杂志，并在 11 月 15 日被接收发表。1986 年 5 月，穆利斯应邀在冷泉港实验室举行的“人类分子生物学专题研讨会”上介绍了 PCR 技术，使得这项技术逐步走入公众视野。1986 年 9 月，穆利斯离开了西斯特公司。

我们也许意想不到，在刚开始发明 PCR 技术时，DNA 聚合酶在高温时会失效，所以在实验过程中必须不断地添加聚合酶。这一操作使得整个实验变得非常冗杂，因此不少人将 PCR 技术称为“最没用的发明”。

TaqDNA 聚合酶的发现打破了这一僵局，这种酶是在美国黄石国家森林公园的火山温泉中发现的。研究人员无意中找到一种水生栖热菌，在火山温泉口 70～75 ℃的高温中，这种菌仍能很好地生活，说明它的体内一定存在一种可以耐受高温的 DNA 聚合酶，否则的话，它就没法生存繁衍。如果我们用这种酶替代现有的 DNA 聚合酶不就可以在 PCR 实验过程中省去很多繁琐的步骤了吗？

很快，TaqDNA 聚合酶被提取出来。实验发现，它可以在高达 90 ℃的温度下保持活性，这不就是研究人员苦苦寻求的耐高温聚合酶吗？它的发现直接促进了 PCR 技术的推广。1991 年，霍夫曼-拉夫什公司出资 3 亿美元购买了 PCR 技术，这一技术随后进入商业化。

1993 年，穆利斯因为发明 PCR 技术而获得诺贝尔化学奖。他获此殊荣可以说是实至名归，现在世界上所有的分子生物学实验室均会使用 PCR 仪，而这项技术的发明大大促进了生物学的发展，也深刻地影响到医疗、刑侦、民生等多个领域。

16.3 用挖掘机拾起一根针

在电子显微镜尚未发明的时代，光学显微镜是科学家们做实验的利器。很多微小物体都需要通过光学显微镜来观察，但是这种显微镜的放大倍数是有限的，如何去观察包括细菌和病毒在内的各种微小的物体成为了研究的重点，这让当时的科学家十分头疼。科学家霍利曾经说过这样一句话："用光学显微镜看流感病毒，就犹如用蒸汽挖掘机去拾起一根针一样困难。"

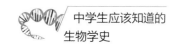

电子显微镜理论早在1869年就被物理学家希托夫证明是可行的，但是能不能实现在当时还是个未知数。因为在当时的条件下，真空管技术还不完善，电子也不能够穿透玻璃，电子束聚集的问题也没有解决，这一系列的难题让人们感觉电子显微镜只是一个天方夜谭。

1932年，德国物理学家诺尔和鲁斯卡建成了世界上第一台电子显微镜模型，这个模型可以把待观测的物体放大400倍，但是图像聚焦性能很差，基本不能用于实际观测。然而这一模型为后来电子显微镜的成功研制奠定了基础。同年，布鲁塞尔大学的马顿制造了一台显微镜，计划用来研究细菌，这一显微镜相比之前的光学显微镜提升不多。鲁斯卡在此基础上进行了一系列改进，制造出了世界上第一台真正的电子显微镜，它的显微分辨率为50纳米，鲁斯卡在这台电子显微镜下观察了一片铝箔和一片棉花纤维，这是人类第一次在电子显微镜下观测物体。从光学显微技术到电子显微技术，人类用了几百年的时间。

然而电子显微镜的首秀进行得并不顺利。鲁斯卡发现在电子显微镜强烈的电子束照射下，棉花纤维都被碳化了，根本无法进行纤维表面的观测。这一问题又成了技术发展的瓶颈。三年后，弗里斯特和缪勒改进了这台机器，解决了这一难题，并把观测分辨率提升到了40纳米，他们成功观测到了家蝇的腿和翅膀的图样。随后西门子公司和霍斯开公司继续对电子显微镜进行改进。1938年，电子显微镜的效果总算能够满足正常的观测需要了，电子显微镜这才真正有机会走进世界各地的实验室，为科学发展和科技创新立下了汗马功劳。

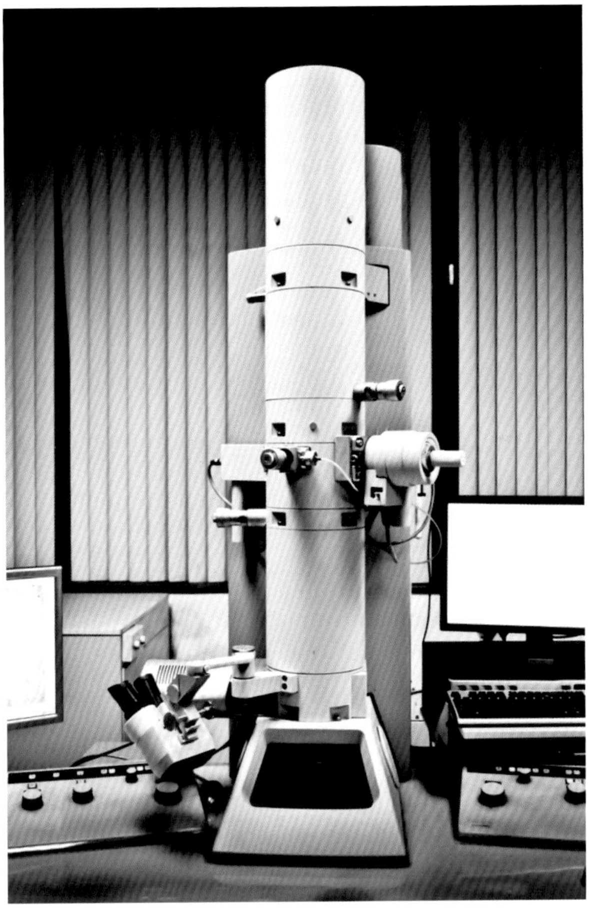

电子显微镜

16.4 生物学家的利刃——冷冻电镜

“冷冻电镜”这个名字对大家来说应该是有些陌生的，但是这一技术的发展对从微观角度展开生命科学研究起到了巨大的促进作用。

伴随着微观生物学研究的逐步深入，我们需要解析生物大分子的三维构象，这样才能够进行下一步结构与功能关系的研究。那么能够解析这些分子结构的手段无外乎就是X晶体衍射技术和核磁共振波谱技术。

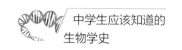

这两项技术是生物物理学研究中的两把“利剑”，但是伴随着研究对象的不断丰富，更多的问题逐渐出现在我们面前。首先，X晶体衍射技术检测的对象是能够结晶的蛋白质，如果蛋白质样品不能够结晶的话就无法检测其结构。另外一种核磁共振波谱技术虽然不要求蛋白质能够结晶，但是它也有一个致命的弱点，那就是只能检测一些分子量较小的蛋白质。如果遇到分子量大且不能够结晶的蛋白质、聚合物或者其他类型的大分子，我们就束手无策了。

1968年，DeRosier和Aaron Klug利用傅里叶-贝叶斯原理，通过分析透射电镜的各个朝向的投影来进行三维重建，以得到不同的图像。但是这种方法中的高能电子会对我们要正面观测的样品造成破坏，依旧不能满足实验要求。

1974年，Ken Taylor和Robert Glaeser发现冷冻样品可以保持蛋白质结构的高分辨率信息，这项成果的发现意味着冷冻电镜即将进入生物物理学领域的实际应用。雅克·杜博歇等人研发了一套切实可行的玻璃态样品的冷冻方法，直接促进了三维冷冻电镜的诞生与推广。他的团队发现了一种利用液态乙烷快速冷冻蛋白质溶液的方法，使得分子在被电子击中的同时依旧保持着相对静止，这样就可以得到更高分辨率的蛋白质结构图样。

冷冻电镜是用于扫描电镜的超低温冷冻制样及传输技术，可实现直接观察液体、半液体及对电子束敏感的样品。样品经过超低温冷冻、断裂、镀膜喷金、喷碳制样等工艺处理后，通过冷冻传输系统放入电镜内温度能达到−185 ℃的冷台后即可进行观察。快速冷冻技术可以使水在低温状态下呈现玻璃态，减少冰晶的产生，从而不影响样品本身的结构。电子束照射到冷冻在溶液中的蛋白质上，就可以解析出生物分子的结构。

2017年的诺贝尔化学奖颁给了雅克·杜博歇、约阿希姆·弗兰克和理查德·亨德森，以表彰他们对冷冻电镜技术发展做出的突出贡献。

雅克·杜博歇　　约阿希姆·弗兰克　　理查德·亨德森

2017年诺贝尔化学奖获得者

冷冻电镜的出现有助于结构生物学家绘制出全新的蛋白质图像，清晰地了解蛋白质的三维立体构象，并分析其独特的结构靶点，也有助于新药物的开发。无论是从成像学的角度还是从生物学的角度来说，这都是一件值得科学史铭记的伟大技术变革！

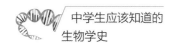

16.5 转基因之争与生物伦理

转基因技术是利用现代生物技术，将人们期望的目标基因，经过人工分离、重组后，导入并整合到生物体的基因组中，从而改变生物原有的性状或赋予其新的性状。

自从“基因”的概念深入人心之后，“转基因”这个名词也逐渐融入我们的生活中。随着生物技术的发展，人类不禁思考，人类是不是也可以充当“上帝”的角色，自己设计人生和未来，甚至去创造新的物种。

转基因技术是一把双刃剑，关于它的各种争论一直在持续，至今也没有定论。面对着技术的不断成熟，无法回避的事实是，这种想法已经开始付诸实施了。

我们熟知的转基因食品有很多。世界上最早的转基因作物是美国孟山都公司生产的烟草，随后美国开始不断地加大研究的投入力度。1994 年，具有延迟成熟和保鲜功能的转基因西红柿在美国批量上市，转基因食品开始逐步进入我们的日常生活中。

目前关于转基因食品的争论一直没有停歇，很多人都对转基因食品的安全性存在疑虑。在国际市场上，也有很多国家明令禁止生产和销售转基因食品。关于转基因食品究竟有害还是无害，我们现在尚无定论，毕竟相对于人类发展进化的漫长历史来说，这一点时间还不足以验证转基因食品是否安全。就目前而言，转基因食品尚未带来什么重要的危害和潜在的威胁。但是，我们也不能草率地下结论。我们应该辩证地去看待这一新兴的技术，不能因为我们害怕它可能带来的负面影响就不去勇敢地采纳和接受，科学技术的进步是人类发展的永恒主题！

举个简单的例子。在剖宫产没有出现的时候，女性的生产只有顺产这一种方式，这种方式让胎儿的大脑经过产道的挤压，对增强胎儿的活动能力有益，因此在长期的自然选择中被保存下来。经受过长时间自然选择的事物和方法，一定有着自己的道理。剖宫产从人为的角度破坏了这一自然过程，虽然它减少了产妇的死亡率，但是从长远来看，这一做法减少了胎儿自我挣扎离开产道的过程，实际上对胎儿来说未必是一件好事。

转基因食品是人类自己主导创造出的新生物，这种做法破坏了自然选择。如果能够有效地掌控还好，可是万一创造出一些人类没有办法控制的物种，或者这些人为创造出来的物种没有经历长时间的自然选择，也许就没有天敌，它就有可能独立于食物链之外，或者站在食物链的顶端，对人类的生存、发展产生极大的挑战。到那时，也许科幻电影中那些可怕的生物就未必是无稽之谈了。

生命科学技术的发展涉及医学、哲学、社会舆论、伦理学等多个方面。生命科学中的新技术以几何级数迅速递增，随之而来的是伦理学体系和理论的严重滞后。2003 年 10 月，美国生物伦理学总统顾问委员会发布了一份 300 余页的报告，报告的题目是《超越治疗：生物技术与幸福追求》。报告指出，生物技术现在和未来的介入范围不只是恢复健康的治疗，而是超越治疗、违背自然规律地改变遗传基因、增强精力和体力以及延长寿命。这类违背自然规律的滥用生物技术行为将带来难以预料和毁灭性的后果。

因此我们在利用转基因技术创造各种生物或者改造各种生物，甚至包括克隆我们人类自己时，这些行为可能都是有潜在风险的，需要我们仔细地评估和考量，更需要我们怀着一颗敬畏的心去面对这些问题。

后　　记

2018 年，昆山市委市政府、昆山市教育局以及昆山市第一中学率先在全国范围内建立中学生科学史课程基地。这一举措得到了中国科学技术大学科技史与科技考古系的积极响应与支持。我有幸能够参与其中，深感荣幸！

加强科学通识教育、普及科学知识与科学常识、提高全民族的科学文化素养是我们当前迫切需要完成的任务，为中学生撰写相关的科学史作品也是一件意义深远的事情。希望正处在金色年华的青少年们，能够从小对科学研究的过程产生浓厚的兴趣，能够从科学史的故事中品读出不一样的科学精神与科学品格。我们将来不一定成为科学家，但是我们一定能够从这些科学故事中，体会出成功背后的付出与艰辛！

在写作本书之前，我先后参考了多个版本的中学生物教材，结合其中的生物学知识点，搜集了一些相关的生物学史经典案例。希望给大家还原一个不一样的生物学研究过程，也希望各位青少年读者在阅读的过程中能够仔细体会这些科学史实背后的科学精神，了解科学研究的真谛，形成对科学的朴素认知，培养自己对科学的兴趣。本书配套视频资料，请读者朋友联系邮箱(1586370015@qq.com)索取。

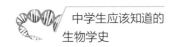

在本书的写作过程中，我借鉴和参考了《20世纪的生命科学史》《创世纪的第八天:20世纪分子生物学革命》《端粒》《怀疑:科学探索的起点》《基因的轮回》《科学的历程》《摩尔根传》《人类孟德尔遗传》《人类遗传学导论》《生命科学史》等著作，同时也查阅了大量的学术论文，在此向各位作者致以诚挚的谢意！

由于时间仓促和笔者水平有限，书中错误之处在所难免，欢迎各位批评指正！

刘　锐

作者简介

刘锐，理学博士，中国科学技术大学副教授，主要从事本科生、研究生生物学史等课程的教学工作，主持和参与科研项目7项，发表学术论文12篇，出版著作《生命科学简史》《漫话生物学简史》《拨慢生命时钟》等。